U0295574

醉是心从容

乙醛脱氢酶2基因

主　编　孙爱军　葛均波

副主编　徐　磊　马秀瑞

顾　问　胡　凯

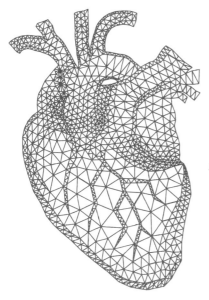

上海交通大学出版社

SHANGHAI JIAO TONG UNIVERSITY PRESS

内容提要

本书主要聚焦于乙醛脱氢酶2（ALDH2），阐述了ALDH2具有重要的心血管保护作用，内容涉及ALDH2基因在高血压、高脂血症、冠心病、心力衰竭等疾病中的作用机制等，向广大医学行业的读者普及检测ALDH2基因型的意义及方法，也可以让普通读者了解ALDH2基因型在心血管疾病防治中的作用。

图书在版编目（CIP）数据

醉是心从容：乙醛脱氢酶2基因 / 孙爱军，葛均波
主编. —上海：上海交通大学出版社，2019
ISBN 978-7-313-21207-8

Ⅰ.①醉… Ⅱ.①孙…②葛… Ⅲ.①乙醛-醛脱氢酶—基因—普及读物 Ⅳ.①Q554-49

中国版本图书馆CIP数据核字（2019）第073542号

醉是心从容

——乙醛脱氢酶2基因

主　　编：孙爱军　葛均波	
出版发行：上海交通大学出版社	地　　址：上海市番禺路951号
邮政编码：200030	电　　话：021-64071208
印　　制：苏州市越洋印刷有限公司	经　　销：全国新华书店
开　　本：710mm×1000mm　1/16	印　　张：10
字　　数：153千字	
版　　次：2019年5月第1版	印　　次：2019年5月第1次印刷
书　　号：ISBN 978-7-313-21207-8/Q	
定　　价：38.00元	

本书编委会

主　编

孙爱军　葛均波

副主编

徐　磊　马秀瑞

顾　问

胡　凯

编　者
（按姓氏汉语拼音排序）

程　勇　范　凡　胡静静　蒋　昊　李　骁　廖建泉

刘湘玮　申　程　孙晓垒　王　聪　王　鹏　夏　光

徐丹令　张　鹏　张　瑞　赵　吉　朱鸿明

漫画设计

陈海燕

主编介绍

孙爱军　复旦大学附属中山医院教授，博士生导师，国家杰出青年基金获得者。目前担任上海市心血管临床医学中心副主任，中华医学会心血管病学分会委员、美国心脏协会委员（FAHA）、欧洲心脏病学会委员（FESC）、*Circulation* 等杂志编委。主要从事心力衰竭的临床和基础研究，发现了离子通道基因突变导致心力衰竭的新机制，拓展了传统观点；阐明了线粒体关键酶发挥心肌保护、延缓心力衰竭进展的新机制，并发现了心力衰竭治疗的潜在新药及新  靶点；尝试通过改善代谢微环境来提高细胞移植的疗效，受到国内外广泛重视。研究成果获国家发明专利授权并完成临床转化。以通讯作者或第一作者在 *Circulation*、*Circulation Research* 杂志等发表SCI收录论文50余篇。承担国家重点基础研究发展计划（"973"计划）、国家自然科学基金等10余项国家及上海市基金，获上海市科技进步奖一等奖及中国青年科技奖、全国优秀科技工作者等科技奖励或学术荣誉。

主编介绍

葛均波　中国科学院院士，现任中国医师协会心血管分会候任主任委员，中国心血管健康联盟主席，复旦大学附属中山医院心内科主任，上海市心血管临床医学中心主任，上海市心血管病研究所所长，复旦大学生物医学研究院院长，美国心脏病学会国际顾问，世界心脏联盟常务理事。被授予"科技精英""全国五一劳动奖章""谈家桢生命科学奖""树兰医学奖"和"白求恩奖章"等荣誉称号。

　　他长期致力于冠状动脉疾病诊疗策略的优化与技术革新，在血管内超声技术、新型冠状动脉支架研发、复杂疑难冠状动脉疾病介入策略等领域取得了一系列成果。先后承担了20余项国家和省部级科研项目，包括"十三五"国家重点研发计划项目、国家杰出青年基金、国家自然科学基金委"创新研究群体"科学基金、国家高技术研究发展计划（"863"计划）（首席科学家）、"十一五"国家科技支撑计划等。作为通讯作者发表于SCI或SCI-E收录论文300余篇，主编英文专著1部、中文专著19部。担任《内科学》（第8版）和《实用内科学》（第15版）教材的主编工作，兼任 *Cardiology Plus* 主编、*Herz* 副主编。作为第一完成人获得国家科技进步二等奖、国家技术发明奖二等奖、教育部科技进步奖一等奖、上海市科技进步奖一等奖等科技奖项10余项。

序 言

秉承"开放、合作、创新"的主题，东方心脏病学会议在全国心血管病专家的共同努力和精诚合作下，已经成为具有中国特色的国际知名心血管领域品牌学术会议。东方心脏病学会海纳百川、集思广益、开拓创新，始终全方位致力于探讨高血压、冠心病介入、动脉粥样硬化、心律失常、心力衰竭、代谢与心血管疾病、结构性心脏病、心血管病影像学、肺循环疾病、血栓相关病、心血管疾病预防、心脏康复、心血管护理、精准与再生医学等亚专科领域的发展和应用，为心血管疾病诊治新技术的积极推广和临床技能的规范操作，提供了广泛的交流平台，积累了大量的学术资源。

为了进一步传播东方心脏病学会的学术成果，帮助大家更深入地理解和把握心血管病诊治领域的前沿动态和研究热点，同时也为更广大的人民群众认识和了解心血管疾病的危害、做好心血管疾病的预防工作，从而减轻社会和家庭的医疗负担、早日迎来心血管疾病发病从上升到下降的拐点，我们依托东方心脏病学会议平台，以东方心脏病学会专家团队为主要力量组织编写《东方心脏文库》科普系列图书。《东方心脏文库》科普系列图书根据具体内容，采用复合出版的形式：即文字、静态图像和视频相结合，既为各级医院的医务人员提供心血管疾病诊治的前沿热点介绍，同时也为非医学专业人士了解心血管疾病的发病，如何采取疾病的预防措施，做到疾病的早期预防、早期诊断、早期治疗，提供精品科普读物。

醉
是心从容
——乙醛脱氢酶2基因

　　《东方心脏文库》科普系列图书理论结合实际、深入浅出，力求言简意赅、图文并茂、资料翔实。本系列图书将在一年一度的东方心脏病学会议期间出版发行，希望她能让您细细品味，受益匪浅。如习总书记所言"多谋民生之利、多解民生之忧"，相信本系列图书的出版对于中国心血管疾病的预防能起到积极的推动作用。书中如有疏漏和不足，望广大读者不吝指正。

葛均波

2019年4月

前　言

改革开放 40 年多来，人们的生活方式和饮食方式发生了翻天覆地的改变，而心血管疾病也成了困扰百姓健康，甚至夺人性命的"头号杀手"。

自 2002 年开始，我们开始致力于乙醛脱氢酶 2（ALDH2）与心血管保护的研究，ALDH2 是酒精代谢的关键酶，与欧美人群相比，近半数中国人群存在该基因突变，毒性醛类物质易在体内积聚，而我们身体包括心血管系统的自身代谢也产生醛类物质。由此，深入研究该基因的功能，对国民心血管健康具有深远的意义。

岁月不居，时节如流，经过 17 年的坚持和努力，现将系列工作汇集成册。本书主要介绍了 ALDH2 与心血管保护的相关研究，包含了我们及国内外其他团队的研究成果。谨将这些成果以科普形式呈现，以提高全民对饮酒、ALDH2 基因型、心血管疾病的认识，促进全民保健。

本书凝结了历届硕士、博士研究生的心血，每一项工作都蕴含他们的辛勤付出。在此也特别致谢邹云增教授、任骏教授、王克强教授在研究过程中给予的大力支持。

本书写成之际，正值初春，草木芳菲，不禁联想到汪曾祺老先生的诗句"世间万物皆有情，难得最是心从容"，借此佳句的谐音作书名，也愿读者朋友们能从容对待工作生活，远离心血管疾病的困扰。

孙爱军

2019 年 4 月

目　录

| 第1章 | 乙醛脱氢酶2（*ALDH2*）基因 | 1 |

第1节　基因的秘密正被揭晓　　　　　　　　　　　　　　3

第2节　带你进入*ALDH2*基因的世界　　　　　　　　　　6

第3节　*ALDH2*基因：饮酒者绕不开的门槛　　　　　　　10

第4节　饮酒与心脏保护：需重视你的*ALDH2*基因　　　　16

第5节　线粒体：心脏的能量工厂，*ALDH2*的根据地　　　21

| 第2章 | *ALDH2*基因与临床常见心血管疾病 | 25 |

第1节　中国心血管疾病的发病现状　　　　　　　　　　　27

第2节　*ALDH2*基因与高血压　　　　　　　　　　　　　28

第3节　*ALDH2*基因与糖尿病　　　　　　　　　　　　　39

第4节　*ALDH2*基因与高脂血症　　　　　　　　　　　　46

第5节　*ALDH2*基因与动脉粥样硬化　　　　　　　　　　56

第6节　*ALDH2*基因与冠心病　　　　　　　　　　　　　64

第7节　*ALDH2*基因与心肌梗死　　　　　　　　　　　　74

第8节　*ALDH2*基因与心力衰竭　　　　　　　　　　　　83

第3章　*ALDH2*基因：心血管疾病治疗的指挥棒　　93

　第1节　*ALDH2*基因与侧支循环　　95

　第2节　*ALDH2*基因与硝酸甘油治疗　　98

　第3节　*ALDH2*基因与干细胞治疗　　104

　第4节　*ALDH2*参与心脏保护的机制　　108

附　录　　117

　如何获取*ALDH2*基因型　　119

　名词解释　　123

　参考文献　　132

醉
——是心从容
乙醛脱氢酶2基因

第 1 章

乙醛脱氢酶 2（*ALDH2*）基因

第 1 节 基因的秘密正被揭晓

基因是人体细胞内的遗传物质，是一切外在表现的幕后操纵者。孩子像父母，是因为继承了父母的遗传物质；同卵双胞胎长得非常像，是因为拥有相同的遗传基因；还有大家耳熟能详的亲子鉴定，也是通过运用生物学、遗传学以及有关学科的理论和技术，根据遗传性状在子代和亲代之间的遗传规律，判断父母和子女之间是否亲生关系的鉴定。而人类对于基因的发现和认识则经历了漫长的历史过程。最初，奥地利人孟德尔使用豌豆作为杂交实验的材料，经过艰难且漫长的研究过程，首先提出了"遗传因子"概念，直到20世纪初，"遗传因子"才由丹麦遗传学家更名为"基因"。

基因，在生命过程中发挥遗传决定性作用，它能将来自父母的遗传信息传递给后代，也就是指人体内一半的遗传物质来自父亲，另一半遗传物质来自母亲。

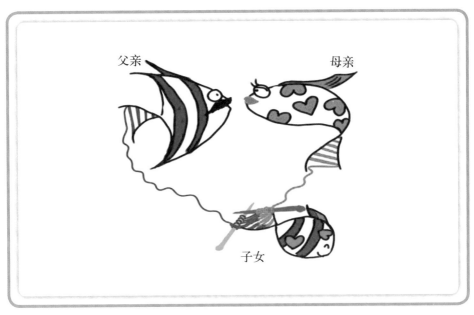

父母与子女的遗传关系

这些遗传物质能够通过机体的基因转录、翻译过程，形成蛋白质或酶，决定了个体的肤色、身高、相貌、智商等，如有的人天生晒不黑，有的人则一晒就黑。同时，基因也与生命健康、用药指导息息相关。

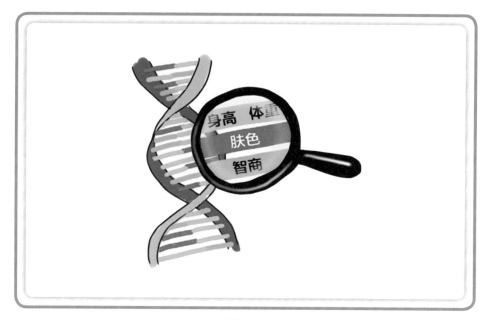

基因与个体特征的关系

1990年，美国、英国、法国、德国、日本和中国科学家共同启动了"人类基因组计划"，目的就是要把人体内约2万个基因的密码全部解开，并且绘制出人类基因的图谱。令人震惊的是，在"人类基因组计划"完成的15年后，生物医学研究人员仅仅研究了人类基因组20 000个基因中约2 000个基因，还有更多的基因秘密未被揭开。

2017年启动的"中国十万人基因组计划"，是中国在人类基因组研究领域实施的首个重大国家计划，也是目前世界上最大规模的人类基因组计划。科学家们希望通过绘制中国人的精细基因组图谱，来研究疾病健康与基因遗传的关系。

在心血管领域，对基因的认识也在不断更新。《中国心血管病报告2017》显示中国已经有2.9亿心血管疾病患者，心血管疾病已位列城乡居民总死亡原因的首位，农村为45.01%，城市为42.61%。作为中国人健康的"头号杀手"，心血管疾病负担日渐加重，今后10年发病人数仍将快速增长。其中，一类具有极高遗传比例的心血管疾病被称为遗传性心血管疾病。该类疾病的发病由基因突变导致，会伴随基因在家族中传递，极大威胁着整个家族的身体健康。目前，致病基因突变至少造成中国1 000万人患遗传性心血管疾病，比如家族性扩张型心肌病、家族性高脂血症等。此外，还有一些基因的变异不一定直接导致心血管疾病的发生，但可以增加患病的风险。

临床基因检测技术的开展可以用来检测心血管疾病的致病基因突变及易感基因分型，用来分析是否携带致病基因突变，或者存在疾病的易感性增高，以预测个体将来患某种心血管疾病的概率。另一方面，该技术还用于检测与药物反应个体差异性相关的基因变异，越来越多的指南、专家共识中增加了药物相关的遗传标签，告诫临床医师要仔细询问与遗传病相关的病史，尤其是在抗栓、抗凝领域，氯吡格雷、华法林药物的基因检测已经在临床广泛应用。

第2节 带你进入*ALDH2*基因的世界

乙醛脱氢酶2（acetaldehyde dehydrogenase 2，ALDH2）在酒精代谢、解毒乙醛过程中发挥关键作用。编码ALDH2的基因在中国人群中存在明显的单核苷酸多态性（single nucleotide polymorphism，SNP）。所谓基因SNP是指在基因组水平上由单个核苷酸变异所引起的DNA序列差异，它是人类可遗传变异中最常见的一种。

ALDH2属于醛脱氢酶（ALDH）超家族，是一类依赖NAD（P）$^+$多功能蛋白，迄今为止发现ALDH2同工酶有19种，具体如下：

- AALDH1A1、ALDH1A2、ALDH1A3、ALDH1B1、ALDH1L1、ALDH1L2；
- AALDH2；
- AALDH3A1、ALDH3A2、ALDH3B1、ALDH3B2；
- AALDH4A1、ALDH5A1、ALDH6A1、ALDH7A1、ALDH8A1、ALDH9A1、ALDH16A1、ALDH18A1。

该家族基因定位于不同染色体上，根据趋异进化和氨基酸相似性对其进行命名。人ALDH超家族蛋白几乎存在于所有的亚细胞区域，包括胞质、线粒体、内质网和核。ALDH2定位于线粒体内，定位于线粒体内的还有ALDH1B1、ALDH1L1、ALDH1L2、ALDH5A1和ALDH6A1等。ALDH1B1和ALDH2两者共享75%的同源性。

*ALDH2*基因多态性直接影响体内乙醇和乙醛的浓度，从而可能与嗜酒及酒精性相关疾病的发生有关。ALDH2代谢酒精的具体过程如下：首先酒精（即乙醇）进入机体后，在乙醇脱氢酶（alcohol dehydrogenase，ADH）的作用下，生成乙醛，后者在ALDH2的作用下，生成无毒乙酸，最终以水和二氧化

乙醛

致癌真凶：乙醛

碳排出体外，达到解毒的作用。

　　乙醛是世界卫生组织认定的Ⅰ类致癌物质。所谓Ⅰ类致癌物质，是指明确对人体有致癌作用的物质，致癌级别最高，大家熟知的黄曲霉素、幽门螺旋杆菌等也是Ⅰ类致癌物质。

　　如果乙醛在体内蓄积，容易造成血管扩张，表现出脸红、心跳等明显症状，因此，ALDH2基因也被称为亚洲红脸症（Asian flush）基因。半数亚洲人在饮酒后会出现亚洲红脸症状，在其他种族里却很少见到，这是因为亚洲人ALDH基因编码酶活性下降，导致体内相对不足，欧美人士却极少有变异，ALDH2活性相对较高。

　　出现亚洲红脸症状并不是乙醛严重的不良反应，但乙醛的致癌性是特别严重的问题。乙醛致癌的原因是什么呢？剑桥大学最新发表在《自然》（Science）杂志上的研究首次解开了这个谜底：毒性物质乙醛破坏干细胞的遗传物质DNA，导致遗传突变，染色体序列重排，从而改变了体内的DNA蓝图，引发包括癌症在内的疾病。

　　迄今为止，共发现19个ALDH2基因多态性，研究主要集中在rs671位点的多态性上，通用表示方法为*2位点，该多态性为ALDH2基因第12号外显子

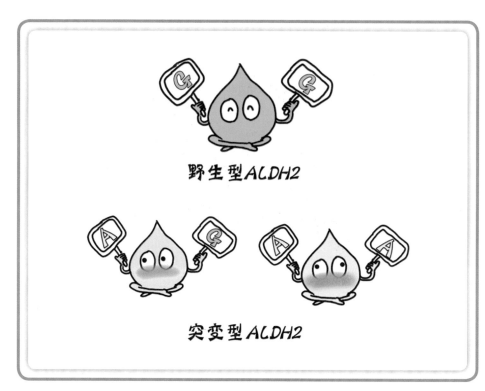

野生型ALDH2

突变型ALDH2

野生型和突变型ALDH2

上1510位碱基由鸟嘌呤（G）转变为腺嘌呤（A），氨基酸由谷氨酸（Glu）变为赖氨酸（Lys），导致酶活性显著下降。在高加索人群中ALDH2基因的突变频率不足5%，而在东亚人群中高达30%～50%，是亚洲人群特有的基因。

ALDH2的3种基因型

基因型			表　型	酶活性
通用表示	碱基表示	氨基酸表示		
*1/*1	GG	Glu504Glu	野生型	强
*1/*2	GA	Glu504Lys	突变杂合型	弱
*2/*2	AA	Glu504Lys	突变纯合型	无

ALDH2除了可以代谢解毒酒精产生的乙醛外，还可以代谢其他机体自身产生的毒性醛类，如4-羟基壬烯醛（4-HNE）等。近年来，作者团队和国内外同行均发现，*ALDH2*不但是酒精代谢的关键基因，而且还具有重要的心血管保护作用，将在后续章节中展开描述。

延伸阅读

亚洲脸红症状

- 面部和上半身发红；
- 脸颊肿胀；
- 发热，刺痛感；
- 心跳加速；
- 呼吸困难；
- 头痛；
- 恶心；
- 双眼发红；
- 头晕；
- 上半身有压力感。

第 3 节　*ALDH2*基因：饮酒者绕不开的门槛

中国饮酒文化源远流长

中国位于亚洲东部、太平洋西岸，陆地面积960万平方公里。中国的酒有着非常悠久的历史，主要以粮食作物水稻、小麦、玉米、谷子和高粱等酿制而成，仅有少量是果酒。关于酒的起源有多个传说，然而考古学家等均已证实，酿酒早在夏朝或者夏朝以前就存在了，目前已经出土距今5 000多年的酿酒器具。酒在中国的政治、军事、经济、农业生产、商业、历史、文化、艺术等领域都留下了深深的烙印，给人们带来了丰富的精神和物质上的享受。中国古人将酒的作用归纳为三个方面：酒以治病，酒以养老，酒以成礼。实际上，几千年来，酒的作用远不限于以上三个方面，在中国人的观念中，酒并不是生活的必需品；但在社会生活中，酒却具有其他物品所无法替代的功能。可能正因为如此，酒的滥用及其造成的危害成了现代社会的一个热门话题。在世界范围内，过度饮酒所导致的各种问题已成为较严重的公共卫生问题之一。近十余年来，随着中国经济的发展，酒的生产量和人均消耗量均有明显增加，由饮酒造成的各种危害也随之增加。

相比较欧洲人群，中国是饮酒有节制的民族

研究者应用分子演化的时间推算法得出，酒精代谢相关基因突变大约发生在7 000～10 000年前，而在同一时期，亚洲开始广泛种植水稻。两者时间线非常匹配，让科学家联想到可能是因为水稻广泛种植，为酿酒提供了基础原材料；而为了避免种植水稻的农民嗜酒导致致命风险，亚洲人群中酒精代谢基因突变型人群被大量保留，这可能是亚洲人群酒精代谢特异性基因突变区别于欧洲人群的可能原因，也是物竞天择的结果。

后来，中国科学院昆明动物研究所的科学家宿兵教授的科研团队开始寻找这个自然选择的源头，研究团队决定在中国38个不同民族中选择2 275人进行ADH基因突变的研究。研究结果认为中国汉族人群携带突变基因是具有进化优势的，其发生酗酒的风险最低。该研究团队还发现在中国东南部的某些地区，几乎所有研究对象都存在饮酒脸红现象；在中国西部地区，有2/3 ～ 3/4的人会出现这种脸红反应；而在中国北方地区，水稻种植不太普遍，出现饮酒脸红的人数要少得多。这种自然选择是为了保护早期农民，阻止其发生酒精滥用导致的致命风险，同时又能利用粳米发酵制作具有较高营养价值的饮品。

饮酒行为差异很大

尽管中华民族是一个饮酒有节制的民族，但是饮酒行为还是存在很大的个体差异。

或浅酌，或痛饮。有的人千杯不醉，有的人则一杯就倒；有的人喝酒脸红，有的人则越喝脸越白。这是怎么回事呢？

小王和小李是同一家公司的销售人员，由于工作需要经常应酬，小王不胜酒力，多喝几杯就面红耳赤、昏昏欲睡、浑身难受，而小李却"豪饮"之后面不改色心不跳，成为全公司的酒神，销售业绩也直线上升。这让小王很是苦恼，按理说自己酒量不好，饮了这么久酒量也应该练上来了，究竟是什么原因导致这么大的差异呢？

一次体检终于让小王明白了自己为什么不胜酒力，喝酒会脸红。医生告诉他是因为他体内缺少一种解酒的"酒精基因"。很多人以为脸红是酒精导致的，其实不然，是乙醛引起的。乙醛具有扩张毛细血管的功能，而脸部毛细血管扩张正是脸红的原因。喝酒以后，酒精在消化道被吸收进入血液，除了不到10%的量是以乙醇原形由肺和肾排出，其余的酒精进入体内后，经过肝脏一系列复杂代谢途径排出体外。饮酒脸红的人，是由于ALDH2活性下降，乙醛在体内蓄积，导致脸红发生，这也是机体给出的一个危险信号：体内乙醛含量已经过高，不适合再继续饮酒了。

千杯不醉和一杯就倒

那么喝酒脸发白又是怎么回事呢？脸白的真正原因是饮酒过量，饮酒脸色发白的人，其体内不缺乏 **ALDH**，能将乙醛迅速分解，在这种快速代谢下更容易饮入过多酒精，当过量饮酒致使血压下降时，机体为了维持正常的血压，便分泌一些收缩血管的物质，使毛细血管收缩，血压上升。这样，势必引起末梢血管血流量减少，从而出现脸色发白的现象。但是这些越喝脸越白的人也容易烂醉如泥，这是因为喝酒脸白的人往往不知道自己酒量的底线，在高度兴奋中饮酒过量，甚至醉酒。机体来不及处理，甚至会比喝酒红脸的人更容易导致肝脏损伤。

为什么服药前后不能饮酒？

首先简单介绍一下双硫仑样反应。

某些药物能够抑制ALDH的活性，在服用这些药物期间饮酒或使用含乙醇的药物或食物，由于ALDH活性下降，血液中乙醛积聚，人体出现双硫仑样反应，如面部潮红、头痛、眩晕、腹痛、胃痛、恶心、呕吐、心跳加快、气急、胸闷、血压降低、嗜睡、幻觉等。尤其对于存在*ALDH2*基因突变型的人群，由于酶活性很低，在服药期间需要尽可能避免服用任何可能含酒精的药物、食物和饮品。

引起药源性双硫仑样反应的主要药物是含有甲硫四氢唑活性基的头孢类、尼立达唑类、呋喃类、氯霉素、酮康唑、灰黄霉素、磺胺类降糖药、华法林、三氟拉嗪、妥拉苏林、胰岛素等。使用上述药物后7天内饮酒（如白酒、红酒、黄酒、啤酒）、服用含有乙醇的药物如糖浆类（棕色合剂、藿香正气水、氢化可的松等）或酊剂、食用某些食物（如酒心巧克力、乳酪、动物肝脏、沙丁鱼等富含酪氨酸、苯丙氨酸、色氨酸的食物和含乙醇的饮料）、乙醇外用（如乙醇擦浴、消毒）和做光量子治疗等可引起双硫仑样反应。

健康饮酒指导

● *ALDH2*基因野生型人群酶活性正常，能够代谢乙醛，该部分人群可

"适量"饮酒，但不应过度饮酒。过量饮酒，即使是酶活性正常的人群也会增加酒精性肝病、酒精性肝炎、肝硬化甚至肝癌的风险，成为各种酒精性疾病的高发人群。同时也容易常年习惯性饮酒，成为酗酒者。

- *ALDH2*基因突变型尤其是纯合突变型，酶活性显著下降，无法正常代谢乙醛，导致体内乙醛累积，建议最好滴酒不沾。但这类人群由于完全不能代谢酒精，不胜酒力，反而不容易酗酒。

小·贴士

1. 适量饮酒和过度饮酒标准

《中国居民膳食指南》建议，适量饮酒为成年男性一天饮用酒的酒精量不超过25克（50克=1两），成年女性一天饮用酒的酒精量不超过15克。

中国人过度饮酒的标准是男性平均每天酒精量超过40克，女性平均每天酒精量超过20克。

2. 酒精克数与饮酒量的换算

- 酒精摄入量计算公式：摄入的酒精量（克）=饮酒量（毫升）×含酒精浓度（%）×0.8（酒精密度）。

  对适量饮酒标准进行换算如下：

- 男性每日酒精摄入量不超过25 g：① 相当于52度白酒每天不超过60 ml（1两左右，25 g=60 ml×52%×0.8）；② 相当于4度啤酒每天不超过780 ml（1瓶半，25 g=780 ml×4%×0.8）。

- 女性每日酒精摄入量不超过15 g/d：① 相当于52度白酒每天不超过36 ml（15 g=36 ml×52%×0.8）；② 相当于4度啤酒每天不超过468 ml（1瓶左右，15 g=468 ml×4%×0.8）。

3. 富含酒精的食物、药物

- 酒心巧克力；

- 豆腐乳；

- 含酒精漱口水；

- 藿香正气水；

- 蛋黄派、乳酪等食品添加剂中也会有些酒精成分；

- 酒酿圆子。

第4节　饮酒与心脏保护：需重视你的ALDH2基因

在1991年，美国一个节目中提出"法国悖论"，即法国人的饮食、运动等生活方式并没有很健康，而且冠心病危险因素与其他西方国家相仿，但是冠心病的病死率却不高，这可能与法国人爱喝葡萄酒有关系。那么喝酒到底是否有利于心血管健康呢？

酒精摄入量与心血管疾病之间的关系呈"J"形曲线，即随着饮酒量增加，心血管疾病发生率随之下降；但达到平台水平后，其发生率随着饮酒量的增加而逐渐升高。也就是说，适量饮酒并不增加心血管疾病的病死率。大量的大规模临床研究提示，低中量的饮酒可以降低心血管疾病的风险，降低全因病死率和心力衰竭的风险。此外，低中量饮酒还可以降低卒中风险、心肌梗死后再住院率及代谢综合征的患病率。长期过量饮酒可引起心肌损伤，增加心血管疾病发生率，并最终导致心律失常（房颤为主）、心脏扩大、心肌收缩功能下降、心力衰竭，男性尤为明显。根据2016年全球疾病负担研究组织对疾病危险因素的排序，过量饮酒在全球致病危险因素中位居第七位。

低中量饮酒发挥心血管保护作用的机制

目前，普遍认同的饮酒对心血管的保护作用原因如下。

（1）酒精饮品中白藜芦醇成分被证实具有抗肿瘤、保护心血管、抗衰老等有益作用。

（2）还被证实与以下因素有关：第一，低中量饮酒可通过增加胰岛素的敏感性改善胰岛素抵抗，通过提高体内脂联素水平等环节发挥内皮保护作用；第二，低中量饮酒可抑制白介素、C反应蛋白等炎症因子释放及活性氧的产生，发挥抗炎和抗氧化作用；第三，低中量饮酒抑制血栓素A2形成，

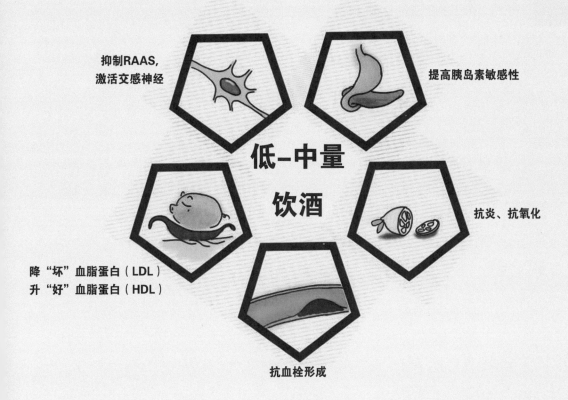

抑制RAAS,
激活交感神经

提高胰岛素敏感性

低-中量
饮酒

抗炎、抗氧化

降"坏"血脂蛋白（LDL）
升"好"血脂蛋白（HDL）

抗血栓形成

低中量饮酒的好处

降低血浆纤维蛋白原水平进而抑制血小板聚集及血栓形成，降低心肌梗死及卒中等急慢性血栓事件的发生。此外，低中量饮酒还可以降低胆固醇、甘油三酯和低密度脂蛋白（low density lipoprotein，LDL），升高高密度脂蛋白（high density lipoprotein，HDL）水平。有研究还发现，低中量饮酒可抑制肾素-血管紧张素-醛固酮系统及交感神经的过度激活，降低高血压及心力衰竭的发生率。

ALDH2是低中量饮酒发挥心肌保护作用的前提

不管是哪种饮酒方式，酒精在体内的代谢过程均首先通过乙醇脱氢酶代谢为乙醛，再经ALDH2解毒为无毒的乙酸。由于ALDH2以四聚体形式分布于线粒体内，缺少其中一个亚基或发生结构改变即可导致其酶活性显著下降或丧失，引起毒性乙醛的大量累积，造成多器官损伤的不良反应。因此，ALDH2是影响酒精代谢效率的最关键酶。Glu504Lys是*ALDH2*基因上最重要的一个SNP位点，该突变可显著降低ALDH2的酶活性。东亚人群中近半数人携带此突变，即他们不能有效降解饮酒后产生的毒性乙醛，并引发饮酒后脸红、心率增快等不适。冠心病患者心肌长时间缺血再灌注过程中氧化应激导致脂质过氧化，产生大量醛类物质，尤其是4-HNE等代谢产物，导致线粒体功能障碍；线粒体功能障碍将进一步加重氧化应激反应，从而导致更多活性醛类物质生成，形成恶性循环。

为了明确该酶在低中量饮酒心肌保护作用中的机制，作者团队进行了动物实验，给予*ALDH2*基因野生型小鼠及*ALDH2*基因敲除的小鼠浓度递增的含酒精饮用水，用于制备低中量饮酒模型；以正常饮用水建立对照模型。酒精浓度及干预时间依次为2.5%、5%、10%浓度各1周，18%浓度3周，然后观察不同浓度酒精小鼠对心脏缺血再灌注损伤的影响（缺血再灌注损伤是指因长时间心肌缺血所造成的心肌组织损伤以及心肌梗死）。结果发现，对于*ALDH2*基因野生型小鼠，低中量饮酒组的心肌梗死面积显著低于正常饮用水组。这个数据有力证实了低中量饮酒对于*ALDH2*基因野生型小鼠的心肌保护作用。然而，对于*ALDH2*基因敲除的小鼠，这种作用根本无法实现，在低中量饮酒干预3周后小鼠就出现死亡，到6周时该组小鼠病死率高达50%。此外，低中量饮酒3周即可导致 *ALDH2* 基因敲除小鼠心、肝、肾等多器官组织结构的明显破坏；低中量饮酒6周，基因敲除小鼠的心肌细胞程序性坏死及心肌细胞凋亡水平增加。

作者团队的研究结果提示，低中量饮酒并不是对每个个体都具有心肌保护作用。只有 *ALDH2* 基因为野生型，给予低中量饮酒才能发挥其心肌保护作用；一旦该酶缺失，低中量饮酒将会引起严重的包括心肌在内的机体损伤。可见，ALDH2是低中量饮酒发挥心肌保护作用的前提条件。

上述研究结果引导科学界重新审视低中量饮酒的心肌保护作用。这种心肌保护作用的实现必须依赖体内健全的ALDH2酶活性。在该酶完全缺失人群中并不能发挥心血管保护作用，相反还会导致严重的心肌损伤。这项研究也在一定程度上解释了为什么有的研究发现低中量饮酒并没有带来心血管保护作用。比如，2018年发表在《柳叶刀》（ *The Lancet* ）杂志上发表的一项研究，纳入了599 912位饮酒者，发现饮酒并不能降低心血管疾病的风险。这固然是由于各个临床研究之间没有精确匹配的酒精摄入量；而另外一方面，不同种族、人群之间由于 *ALDH2* 基因变异带来的酒精易感性差异，是导致这些临床研究结果不一致的重要因素。

应该怎么选择饮酒方式呢？

饮酒不仅是一个日常行为，而且还涉及社会公共卫生、交通等多个方面。中国的酒文化历史悠久，是社交应酬的常态方式。饮酒有益心血管保护的观点需要辩证对待。对于工作原因需要喝酒应酬的职场人士，建议首先进行 *ALDH2* 基因型检测，量"力"而行。

研究结果提醒大众应当根据自己的 *ALDH2* 基因型来选择饮酒方式。

- 对于 *ALDH2* 基因野生型人群，低中量饮酒对心肌起保护作用，但应避免大量饮酒。

- 对于ALDH2酶活性纯合缺失型人群，则应避免摄入酒精，低中量饮酒不仅没有心肌保护作用，反而导致心肌损伤，所以也不推荐低中量饮酒。

- 对于ALDH2酶活性部分缺失人群，低中量饮酒能否发挥心血管保护作用，仍在探讨中。

第5节　线粒体：心脏的能量工厂，*ALDH2*的根据地

之前章节已经介绍了*ALDH2*基因在健康饮酒、降低乙醛毒性作用方面发挥关键作用，接下来将展开介绍*ALDH2*基因在心脏保护中的重要作用。在这之前，先了解一下心脏这个器官的特点。

心脏是人体的永动机，是唯一一个片刻都不能休息的器官，要不停地为人体提供全身血液，用于运输营养物质、氧气等。当还是个小生命时或是母体孕育的胚胎时，心脏就夜以继日地开始工作了。而发生冠心病、先天性心脏病等心血管疾病时，都会使心脏负担加重，威胁人类生命的健康。

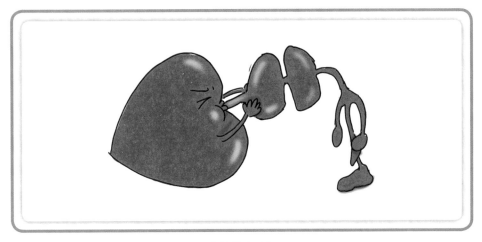

人体的永动机

心脏是唯一的供血来源，是血液循环的动力器官，被称为泵血器官，也是一个高耗能器官，每天需要消耗大量的能量［三磷酸腺苷（adenosine-5′-triphosphate，ATP）］来满足心泵功能。心脏能量代谢的底物包括糖类、脂肪酸、氨基酸、酮体、乳酸盐等。心脏对底物的选择具有极高的灵活性，可随循环中底物浓度及含氧量的变化进行灵活转换，这有利于心脏在面对压力超负荷

和氧化应激时维持足够的ATP产生。

正常心肌的能量代谢主要以脂肪酸代谢为主，而当能量缺乏时，衰竭的心肌将会更多地利用糖进行能量供给，这导致心肌能量底物发生一系列变化。但随着心力衰竭的进展，这种能量底物的转变逐渐失代偿。

心脏重要的能量工厂就是线粒体。线粒体体积占心肌细胞的1/3，能为细胞产生能量（ATP）。除了红细胞缺乏线粒体外，在其他几乎所有细胞中都可以发现线粒体，每个细胞平均有300～400个线粒体，更活跃的细胞如脑细胞、肌肉细胞、肝细胞等有成百上千的线粒体，组成细胞质的40%。

线粒体通过氧化磷酸化过程为大部分细胞提供可以利用的能量。氧化磷酸化是指物质在体内氧化时释放的能量通过呼吸链供给二磷酸腺苷与无机磷形成的能量物质（ATP）。心脏中97%的ATP在线粒体由氧化磷酸化产生，剩余3%由糖酵解产生。

线粒体在心脏中起着多重作用：负责满足能量需求、调节活性氧和调控细胞凋亡。通常认为，线粒体的分裂和碎裂是病理性应激（如缺血）的结果，是线粒体质量差的指标，并导致线粒体自噬和细胞死亡。然而，最近的研究表明，抑制裂变也会导致线粒体功能减弱和心脏损害，说明裂变对维持心脏和线粒体生物能量平衡十分重要。

除了糖脂代谢的一般能量底物外，心肌在代谢过程中还伴有包括活性醛、糖酵解产物等其他代谢产物。心肌细胞在缺血、缺氧等病理应激下，在线粒体内产生氧自由基，后者使线粒体膜脂质过氧化损伤产生4-HNE。4-HNE很容易在线粒体内堆积，因此清除这些有害物质依赖线粒体的功能，通过其产生一些有益的保护因子来减少或对抗膜脂质过氧化及活性氧的升高，而线粒体内的ALDH2能够清除4-HNE而发挥保护心肌作用。作者团队在心肌细胞水平证实了野生型*ALDH2*基因能够较快清除4-HNE，保证线粒体的正常功能，说明线粒体内的ALDH2对氧化损伤具有重要的保护作用。

近期研究证实，代谢异常是多种心血管疾病的共同病理基础，而无论是心肌能量代谢异常，还是物质代谢异常，线粒体都发挥着关键作用，改善线粒体功能，纠正细胞能量等代谢紊乱，将为心血管疾病的治疗提供新的思路与靶点。

延伸阅读

4-HNE毒性：通过抑制某些蛋白质的合成，对染色质进行降解和使细胞核碎裂发挥作用。也有机制认为，人星形胶质细胞在4-HNE的刺激下，对氧化攻击损伤的易感性明显增加，细胞膜变形和钙运输改变。

第 2 章

ALDH2 基因与
临床常见心血管疾病

近几年，中国心血管疾病病死率占居民总死亡率的40%，远超恶性肿瘤等其他疾病的病死率而高居首位。其中，动脉粥样硬化性心血管疾病（atheroselerotic cardiovascular disease，ASCVD）所致死亡比例约占总心血管疾病病死率的61%，占全因死亡的25%。并且患病率持续上升未得到有效控制。据推算，中国心血管疾病现患人数2.9亿，带来巨大的社会经济负担。

改革开放40年来，中国社会经济发生了巨大飞跃，居民生活水平日益提高。而与此同时，人们的生活方式也悄然改变。2011年与1997年相比，居民消费含糖饮料明显增加，加工肉类、红肉摄入增加，而体力活动却明显下降。与此对应，居民体重指数（body mass index，BMI）及收缩压则明显上升。另据统计，近20年间，中国的血脂异常、高血压、糖尿病患者分别增加了1.5～5倍。中国的肥胖人数也在40年间增加45倍，接近9 000万人，高居全球首位。

研究表明，"三高"（即高血脂、高血压、高血糖）以及肥胖等代谢异常是心血管疾病的重要高危因素，糖脂代谢的紊乱、高血压及体重异常是心血管事件及病死率的独立危险因子。代谢紊乱因素的叠加也与心血管事件的发生呈正相关。"管住嘴，迈开腿"，倡导健康的生活方式是预防心血管疾病和其他慢性病的重要国策。

在接下的章节中，将对高血压、糖尿病等代谢性疾病进行介绍，并结合作者团队的研究成果，阐述 ALDH2 基因对上述疾病发生和发展的影响，以及通过 ALDH2 基因检测结果进行预防和治疗的意义。

熟悉又陌生的高血压

高血压，相信大家一定不陌生。在日常生活中，很多人都患有高血压。目前，高血压人群已达到了2.7亿多。据统计，中国人里每5个人中就有1名高血压患者，老年人的患病率更是高达50%。

前段时间老王经常感觉头晕头胀，邻居提醒他量量血压，结果测出来高达170/100 mmHg（1 mmHg＝0.133 kPa）！老王立马到医院，经心内科大夫诊治后，建议进行降压药物治疗，并嘱咐他坚持服用、定期测量血压，养成良好的生活习惯，戒烟忌酒，血压控制好以后，老王的气色比之前好多了！

你身边是不是有很多高血压患者？这并不陌生。但令人吃惊的是，高血压的患病人群越来越趋年轻化，已经不再是老年人的专利了。

继续讲述老王家的故事。老王的儿子今年只有35岁，上班压力大，下班熬夜玩游戏，老王发现自己血压高，买了血压计，就给他儿子也测量了血压，没想到他儿子的血压居然也达到了150/95 mmHg！医生叮嘱老王的儿子一定要避免熬夜、按时作息、饮食清淡，并配合降压药物治疗，把高血压的小火苗及时扑灭！

在日常生活中，很多人患上高血压，往往是由于家族中有高血压的遗传，再加上生活不规律、饮食不健康，到了一定年龄时可能就会慢慢显现出来。所以在日常生活中，需要养成良好的生活和饮食习惯，保证自己的身体健康，减少高血压的发生风险。

高血压危害不容小觑

高血压本身不可怕，可怕的是它带来的靶器官损害，比如脑、眼、心、肾等这些身体重要的脏器。

统计数据让人震撼！

70%的脑卒中与高血压有关，高血压患者发生脑卒中的风险是正常血压者的6倍。

78%的高血压患者伴有眼底病变，可能导致视力下降，严重者可以引起失明。

高血压引起的心脏损害包括心脏肥大、增加冠心病和心肌梗死的发病，使心力衰竭的风险增加6倍。

单纯高血压持续15年的患者约42%会出现肾脏损害，重度高血压可以使尿毒症风险增加11倍。

全国每年因血压升高所致的过早死亡人数高达200余万，每年直接医疗费用达366亿元人民币。

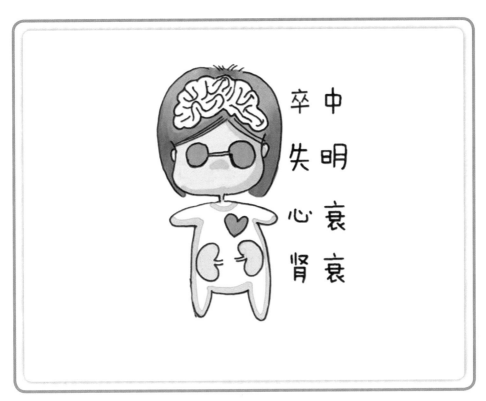

高血压的危害

医学上的高血压

高血压分为两种，一种为原发性高血压，也就是平常所说的高血压病，病因复杂，占高血压疾病的90%以上；另一种为继发性高血压，是指某些确定的疾病和病因引起的血压升高，如肾脏疾病引起的血压升高。虽然继发性高血压患病率不高，但是血压不容易控制，如果原发疾病控制不好，导致的后果还是很严重的。

2018年最新的《中国高血压防治指南》中定义的高血压为：在未使用降压药物的情况下，诊室收缩压≥140 mmHg和（或）舒张压≥90 mmHg。

根据血压升高水平，将高血压分为1、2、3级。1级属于轻度高血压，3级属于重度高血压。

血压水平分类和定义

分　类	收缩压（mmHg）	舒张压（mmHg）
正常血压	＜120 和	＜80
正常高值	120～139 和（或）	80～89
高血压	≥140 和（或）	≥90
1级高血压（轻度）	140～159 和（或）	90～99
2级高血压（中度）	160～179 和（或）	100～109
3级高血压（重度）	≥180 和（或）	≥110
单纯收缩期高血压	≥140 和	＜90

注：当收缩压和舒张压分属于不同级别时，以较高的分级为准

如何在家监测血压？

老王因为病情需要自己购买了电子血压计，根据医生的嘱咐进行血压监测。老王很用心，将医生的意见总结为如下的监测方法，供大家参考。

定期自测血压非常重要，不仅可以及时获知自己的血压情况，而且对于正在治疗的高血压患者，自测血压还可以了解药物治疗的效果，方便医生根据血压及时调整治疗药物。

这里介绍一下自测血压的方法，步骤如下。

（1）选择高度合适的座椅和桌子，使上臂和心脏处于同一水平。

（2）测量血压前半小时不吸烟、喝酒或喝咖啡，排空大小便，至少休息5分钟，测量时保持安静，不讲话。

（3）坐位，双脚自然放平，测量血压的袖带下缘距离肘部2～3 cm。建议初发高血压或者血压未达标或不稳定的患者每日早晚各监测1次，每次测量3遍，如果血压达标且稳定的患者可以每周测1天，早晚各一次。家庭自测血压的标准是低于135/85 mmHg，诊室医生测定血压的标准则是低于140/90 mmHg为正常。

自测血压的方法

高血压的病因是什么呢？

老王自己患有高血压，其儿子也患有轻度高血压，那么他们发病原因是什么呢？父子都表现出轻-中度高血压，让人不禁联想到遗传因素。下面将重点介绍哪些因素会导致高血压的发生呢？

首先这里提到的高血压主要是原发性高血压，发病人群最多。

总结原发性高血压的发病原因主要分为两种：遗传因素和非遗传因素。

1.遗传因素——*ALDH2*基因参与高血压发生

高血压有明显的遗传倾向，据估计人群中至少20%～40%的血压变异是由遗传因素决定的。流行病学研究结果发现，高血压的发病具有明显的家族聚集性。父母无高血压、父母一方有高血压、父母均有高血压的子女发生高血压的概率分别为3%、28%和46%。

下面将以具体数据说明*ALDH2*基因导致高血压易感性增加。

- 筛选山东地区不饮酒人群进行*ALDH2*基因与高血压发病风险的病例-对照研究，入组了符合条件的137例原发性高血压和102例健康对照人群，研究结果显示：*ALDH2*基因突变纯合子人群高血压发生风险比野生型增加了2.195倍。

- 一项关于亚洲人群*ALDH2*基因对高血压发生风险影响的荟萃分析，总计分析了12 161例高血压患者，结果显示*ALDH2*基因突变增加亚洲人高血压的发生风险；对亚组进行分析发现，中国人群和日本人群*ALDH2*基因突变，使高血压的风险分别增加1.23倍和1.46倍。

- 一项针对1 134名中国健康人群进行前瞻性研究，平均年龄为48岁，在5.7年随访中*ALDH2*基因突变者收缩压和舒张压升高更快，患高血压风险也显著升高。

这里介绍的遗传因素影响高血压发病，集中在*ALDH2*遗传基因的影响。

如果发生ALDH2的酶活性降低，可能会降低内源性一氧化氮（nitric oxide，

NO）的水平，增加体内氧化应激发生，产生自由基损伤血管内皮细胞，增加高血压病的发病率。

[小结] *ALDH2*基因突变不仅是高血压发病的风险因素，而且也对收缩压、舒张压产生显著影响。另外，饮酒也是高血压的公认风险因素。如果老王的直系亲属携带的风险因素越多，发生高血压的概率越高。因此，建议老王及其子女进行*ALDH2*危险因素筛查，根据检测结果干预可控的风险因素，如戒烟、忌酒、增加运动等。

一些非遗传因素将是可以控制的风险因素，下文将做详细介绍。

2. 非遗传因素

1）高血糖

血糖水平如果升高，导致人体血液黏滞度以及心脏舒缩功能出现异常改变，从而成为诱发原发性高血压的重要因素之一。

2）高血脂

脂肪进入胃肠道以后，通过分解以游离脂肪酸的形式吸收进入血液，再经过转化变成脂蛋白，这些脂蛋白会沉积在血管壁上，对血管壁造成一定的损伤，改变血管的弹性，受损部位易形成斑块、血管变窄、血流受阻，增加血管壁压力，导致血压升高。

3）不良饮食习惯

众所周知，吃盐过多是引起高血压的重要因素之一，而有一类人，他们对盐（氯化钠）非常敏感，高盐饮食会使其血压明显增高，而严格限制食盐摄入后，血压会随之下降，这种高血压被称为"盐敏感性高血压"。

长期吸烟者，烟草内的尼古丁会使血管内膜受损，血管壁厚度增加，最终导致原发性高血压。

酒精是一把双刃剑，低剂量时是血管扩张剂、高剂量时是血管紧张剂，长期大量饮酒将导致血压升高。

4）体重

中国人平均BMI与血压呈显著正相关。每增加1个单位BMI，5年内发生高血压的风险增加9%［BMI=体重（kg）/身高（m）^{2}］。

肥胖是高血压最重要的风险因素，脂肪干细胞对血压的调控起关键作用。内脏脂肪增长过多也是高血压的主要原因，占原发性高血压风险的65%～75%。

5）精神因素

长期的精神紧张、焦虑、压抑等精神刺激，可使交感神经兴奋性增加，促进儿茶酚胺类递质的释放，引起血管收缩使得血压升高。长期处于应激状态，如飞行员、医生、驾驶员等，高血压的患病率明显增高。

6）其他因素

除了以上因素外，还有一些因素会导致高血压的发生，如性别、年龄、污染等。

随着年龄的增长，高血压的风险也增高。

女性在更年期前患病率略低于男性，但在更年期后迅速增高，甚至高于男性。

PM2.5、SO_2和O_3等污染物，都会使高血压的风险增加，同时增加心血管疾病的病死率。

高血压的治疗原则

高血压按照病因分类分为原发性高血压和继发性高血压。原发性高血压的发病机制目前尚未完全明确；而继发性高血压是指继发于某种疾病，有比较明确的病因，如肾小球肾炎、肾动脉狭窄、嗜铬细胞瘤、严重的睡眠呼吸暂停等引起的高血压，继发性高血压常在治疗其基础病后可改善高血压状态。在高血压患者中90%为原发性高血压，约10%为继发性高血压，本文主要侧重于原发性高血压的治疗方案。

高血压的治疗方式主要包括生活方式干预及药物治疗。

1. 生活方式干预

1）合理的膳食

（1）减少钠盐摄入：高血压饮食疗法最主要的关键点是限盐。钠盐可显著升高血压以及高血压的发病风险。每人每日食盐摄入量逐步降至6 g以内，增加钾摄入。

（2）限制总热量，控制油脂类型和摄入量：尽量减少动物食品和动物油摄入，建议选择脂肪酸数量及构成比合理的油脂，如橄榄油、茶油等。

（3）营养均衡：适量补充蛋白质；适量增加新鲜的蔬菜和水果；增加钙的摄入，低钙饮食易导致血压升高。简单且安全有效的补钙方法是选择适宜的高钙食物，特别是保证奶类及其制品的摄入，每日250～500 ml脱脂或低脂牛奶。

2）控制体重，避免超重和肥胖

减轻体重有益于高血压的治疗，可明显降低患者的心血管病危险，每减少1 kg体重，收缩压可降低4 mmHg。建议BMI＜24 kg/m²；男性腰围＜90 cm，女性腰围＜85 cm。

3）戒烟限酒

吸烟可降低降压药的疗效，常需加大药物剂量才能达到理想血压。吸烟除对血压产生影响外，还可损伤内皮细胞和血管，所以长期吸烟的高血压患者远期预后差。

长期过量饮酒是高血压、心血管疾病发生的风险因素。饮酒还可对抗药物的降压作用，使血压不易控制；戒酒后，除血压下降外，患者对药物治疗的效果也大为改善。

4）适量运动

有氧运动是高血压患者最基本的健身方式，常见运动形式有快走、慢跑、骑自行车、游泳、登山、爬楼梯。建议每周至少进行3～5次，每次30分钟以上中等强度的有氧运动；以有氧运动为主，无氧运动作为补充。运动强度因人而异，常用运动时最大心率来评估运动强度。中等强度运动是指能达到最大心率60%～70%的运动［最大心率（次/分钟）=220－年龄］。最好坚持每天都运动。高血压患者清晨血压常处于比较高的水平，清晨也是心血管事件的高发时段，因此，选择下午或傍晚进行锻炼效果最佳。

5）愉悦的心情

减轻精神压力，保持心理平衡，避免负性情绪，保持乐观和积极向上的态度，创造良好的心理环境，培养个人健康的社会心理状态，以及纠正和治疗病态心理有助于降压。

6）良好的睡眠

高血压患者失眠后，次日血压必定升高。睡眠是最好的养生，良好的睡眠有助于降压。

2. 药物治疗

降压药物应用的基本原则包括小剂量开始、尽量应用长效制剂、联合用药及个体化治疗。

1）起始剂量

一般患者采用常规剂量。老年人初始治疗时通常应采用较小的有效治疗剂量，然后根据需要，可考虑逐渐增加至足剂量。

2）长效降压药物

优先使用长效降压药物，以有效地控制24小时血压，更有效地预防心脑血管并发症的发生。如使用中、短效制剂，则需每天2～3次给药，以达到平稳控制血压。

3）联合治疗

对血压≥160/100 mmHg、高于目标血压20/10 mmHg的高危患者，或单药治疗未达标的高血压患者，应进行联合降压治疗，包括自由联合或单片复方制剂。对血压≥140/90 mmHg的患者，也可起始小剂量联合治疗。

4）个体化治疗

根据患者合并症的不同和药物疗效及耐受性，以及患者个人意愿或长期承受能力，选择适合患者个体的降压药物。

5）药物经济学

高血压是终身治疗，需要考虑成本-效益。

常用降压药物包括钙通道阻滞剂（如氨氯地平、硝苯地平控释片）、血管紧张素转化酶抑制剂（如依那普利、培哚普利）、血管紧张素受体拮抗剂（如奥美沙坦、缬沙坦）、利尿剂（如氢氯噻嗪、吲达帕胺）和β受体阻滞剂［如美托洛尔（倍他乐克）］五类，以及由上述药物组成的固定配比复方制剂（如厄贝沙坦氢氯噻嗪片）。对药物的选择常需由医生根据患者的病情特点制订治疗方案，高血压患者需遵医嘱并且记录高血压治疗效果及不适反应，以帮助医生制订更优方案。对于高血压的治疗任重而道远，需要患者和医生密切配合，将血压控制于合理范围以减少并发症，改善预后。

健康的生活方式

重视*ALDH2*基因，关注你的高血压

*ALDH2*作为遗传基因，与其他基因及环境因素共同影响血压，关注*ALDH2*基因，关心家人健康。

- 对于*ALDH2*基因突变型人群，既往报道显示发生高血压的风险增加，建议提前进行预防，尤其是有高血压家族史的人群。
- ➢ 合理膳食，营养均衡：多食优质植物蛋白、蔬菜、水果，控制食盐的摄入量，每日的盐摄入量应≤6 g，烹调时减少食用盐和含钠较高的调味品（酱油、味精、鸡精等），减少摄入含钠量较高的加工食品，例如咸菜、香肠、火腿、咸鱼、腐乳、雪菜等腌制品；同时适当摄入含钾的食物，新鲜黄绿色蔬菜水果以及豆类。

➤ 控制体重：平时的饮食中需要减少高热量食物的摄入（如动物脂肪、坚果类等），同时要多进行体育锻炼，增加消耗，增强体质。正常的BMI范围在18.5～23.9 kg/m^2；腰围，男性＜90 cm，女性＜85 cm。超重或者肥胖患者需要减重，减重10 kg，收缩压可下降5～20 mmHg。

➤ 减轻精神压力：高血压患者应减轻精神压力，保持乐观的心态，避免不良情绪，必要情况下采取心理治疗联合药物治疗缓解焦虑和精神压力。

➤ 戒烟控酒。

● **高血压患者如饮酒，最好先检测*ALDH2*基因型。** 根据第一章节内容进行合理健康饮酒。

➤ 若为野生型*ALDH2*，每日酒精摄入量，男性≤25 g，女性≤15 g；每周酒精摄入量男性≤140 g，女性≤80 g。

➤ 若为*ALDH2*基因突变型高血压人群，则不建议饮酒。高血压患者应该严格戒烟，以避免吸烟对血管造成的损害。

第3节　*ALDH2*基因与糖尿病

　　糖尿病是日常生活中十分常见的一种疾病，最新数据（《国际糖尿病联盟第八版》）显示，中国糖尿病患者超过1.14亿，约占全球糖尿病患者总数的1/4。2010年对中国31个省市的18岁以上9万人口的糖尿病调查结果显示，糖尿病患病率已高达9.65%。

糖尿病患者人数众多

糖尿病的危害

　　糖尿病是严重影响老百姓生活质量的一种慢性病。老张刚过60岁却疾病缠身，眼睛看不清，手脚发麻走不动，医院的检查显示，老张心脏不好，肾脏也不好，罪魁祸首就是糖尿病，医生说老张的上述症状都是糖尿病引起的并发症。

糖尿病，顾名思义是与"糖"密切相关的一种疾病，表现为人血液中的糖含量过高。目前主要是通过检测空腹血糖、餐后血糖、糖化血红蛋白（glycosylated hemoglobin，HbAlc）等指标来作为糖尿病和糖尿病前期的诊断依据。

糖尿病在临床上主要分为四种：1型糖尿病、2型糖尿病、特殊类型糖尿病和妊娠糖尿病。其中1型糖尿病主要见于儿童和青少年，是儿童期最常见的内分泌代谢性疾病之一，绝大多数1型糖尿病是由于免疫等因素引起的胰腺 β 胰岛细胞功能障碍，导致身体缺乏胰岛素分泌而引起的。2型糖尿病是最常见的糖尿病类型，多发于成人，主要是由于身体对胰岛素的敏感性降低而引起。妊娠糖尿病是指之前无糖尿病史的孕妇在怀孕期间产生了高血糖，分娩后，部分患者血糖恢复正常，而有部分患者发展成为2型或1型糖尿病。特殊类型糖尿病包括胰岛 β 细胞功能遗传性缺陷、胰岛素作用遗传性缺陷、胰岛外分泌疾病、内分泌疾病等。

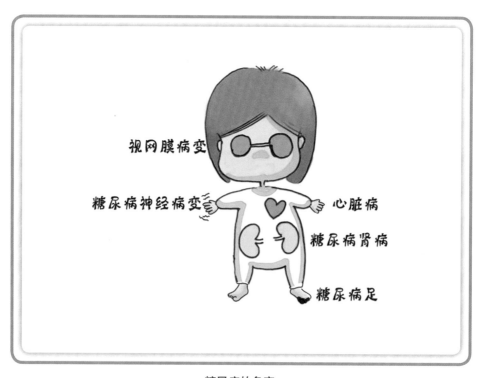

糖尿病的危害

*ALDH2*基因与糖尿病发生风险

为什么有些人容易发生糖尿病，而有些人则不容易发生，随着科学技术发展和研究水平不断深入，科研人员发现是遗传因素在其中发挥作用。

性别和遗传因素共同作用导致糖尿病发病风险增加。国内的一项研究显示，对于女性冠心病患者，*ALDH2*基因型是2型糖尿病的独立危险因素；而在男性人群中，*ALDH2*基因型与2型糖尿病之间没有明显关系。

也有研究发现在男性中同样存在类似的风险，*ALDH2*基因突变型增加了胰岛素抵抗的易感性。所谓胰岛素抵抗，是指胰岛素在周围组织摄取和清除葡萄糖的作用降低，主要效应器官是肝脏、骨骼肌和脂肪组织。胰岛素抵抗通俗地讲就是身体对胰岛素的利用效率出了问题，不能像正常人一样维持血糖水平。对于*ALDH2*基因突变的人群，2型糖尿病的患病率明显高于基因野生型人群。此外，汉族人群中*ALDH2*基因多态性影响饮酒量，但饮酒量在*ALDH2*基因型与2型糖尿病关系中起的作用并不大，*ALDH2*基因多态性对2型糖尿病发病的影响有其独立的作用机制，并且是独立的危险因素。荟萃分析也显示，*ALDH2*基因野生型发生2型糖尿病的风险显著降低，提示*ALDH2*可以作为2型糖尿病风险的预测因子。

小酌一杯会对血糖产生怎样的影响？

亚洲人群的研究表明，对于日常生活中少量饮酒的这部分人群而言，*ALDH2*基因突变的人群HbAlc水平显著高于基因野生型人群，提示*ALDH2*基因突变可能是血糖升高的风险因素之一。

作者团队对常规体检的近5 000例人群样本进行糖尿病筛查，并根据是否患有糖尿病进行分组，结果发现糖尿病组*ALDH2*基因突变纯合型的基因型比例显著高于无糖尿病的对照组，说明*ALDH2*基因突变是糖尿病的危险因素。有趣的是，这一现象在男性患者中更加显著，也提示*ALDH2*的保护作用与性别有关：男性对*ALDH2*基因突变带来的损害似乎更具易感性。

*ALDH2*基因与糖尿病并发症发生风险

糖尿病对于人体而言，最可怕的就是它会引发很多严重的并发症，严重影响患者的日常生活质量。

持续的血糖升高会导致眼、肾、心脏、血管、神经等的慢性损害，发生糖尿病视网膜病变、糖尿病肾病、糖尿病心肌病、糖尿病血管病变、糖尿病足等慢性并发症，导致患者出现失明、肾衰、冠心病、脑梗死、坏疽等，严重影响患者的生活质量。急性并发症如糖尿病酮症酸中毒、糖尿病高渗性昏迷等严重危及患者的生命。因此，明确糖尿病发生的病因与参与因素，对糖尿病的防治具有重要意义。作者团队及其他研究组的研究均表明，*ALDH2*基因参与糖尿病并发症的发生。

以下将分别阐述*ALDH2*基因与糖尿病并发症的相关研究。

1. 糖尿病心血管疾病

糖尿病是心血管事件如心肌梗死、卒中等的危险因素。在一项英国糖尿病患者的研究中发现，HbAlc升高1%会使心肌梗死风险增加14%，卒中风险增加12%，充血性心力衰竭的风险增加12%。越来越多的数据显示，餐后血糖偏高是心血管事件的一个重要风险因素。国内有研究发现，*ALDH2*基因突变的人群发生糖尿病和心肌梗死的可能性更高。

［建议］若已经患有糖尿病，*ALDH2*基因检测为突变基因型，特别需要注意心血管方面的情况，如定期做体检，以及控制好自身的血糖、血压和血脂。

2. 糖尿病心肌病

1972年，Rubler等人在糖尿病患者中发现了一种特殊的心肌功能缺损，随后研究表明这种心功能缺损或心力衰竭实际上是一种心肌病变——糖尿病心肌病。诱发糖尿病心肌病的形成主要经过三个阶段：① 隐匿期，不易被发现；② 细胞结构损伤致心脏舒张和收缩功能不全的发展期；③ 最终导致心力衰竭。糖尿病心肌病后患者营养状况一般较差，常常导致多种营养物质的缺乏，进一步加重代谢紊乱，促进心力衰竭的发生和发展。

*ALDH2*基因是如何造成心肌损伤的？

心肌是一个高耗能组织，其能量的产生主要在线粒体内进行。而ALDH2是位于线粒体基质的代谢酶，能够减少醛类物质对心肌细胞造成的损害。通过小鼠实验发现，ALDH2对于心肌细胞起一定的保护作用。作者团队的研究结果发现，*ALDH2*基因多态性对糖尿病小鼠的能量代谢和心脏舒张功能有显著影响，显示*ALDH2*基因突变可通过降低心肌能量代谢储备，广泛影响以磷脂代谢为代表的心肌糖脂代谢谱，使糖尿病小鼠的心脏舒张功能受损，加重糖尿病引起的代谢紊乱。这揭示了*ALDH2*基因突变与糖尿病患者的心脏舒张功能相关，或者说*ALDH2*基因突变患者更容易受到糖尿病带来的心肌损害的影响。

[建议]若已经患有糖尿病，*ALDH2*基因检测为突变基因型，需特别关注心脏舒张功能，定期的心脏超声检测是一个不错的筛查手段。

3. 糖尿病肾病

糖尿病肾病是糖尿病最常见的并发症之一，它是导致终末期肾病的主要病因。糖尿病肾病患者由于高糖血症引起肾小球基膜增厚、系膜及胞外基质增生，导致肾小球的高滤过和蛋白尿，最终进展至终末期肾脏病。

通过大鼠实验发现，*ALDH2*基因高表达可能减轻糖尿病的肾损伤。

还有研究报道，罹患糖尿病的母亲将影响后代糖尿病的发生风险。这个来自亚洲的研究团队通过罹患糖尿病及肾衰患者的队列研究发现，*ALDH2*基因突变的糖尿病肾病母亲，其后代罹患糖尿病的风险明显升高，推断母体的环境（宫内、产后早期）会对后代的健康产生影响。

[建议]对于糖尿病患者，*ALDH2*基因检测是突变基因型人群，更应关注糖尿病肾病的风险，定期进行相关的检查。若是已经怀孕的女性，要严格控制血糖水平，降低后代罹患糖尿病的风险。

4. 糖尿病视网膜疾病和糖尿病肺病

糖尿病视网膜病变是糖尿病导致眼底微血管病变，是成年人群失明的主要原因。在2型糖尿病成年患者中，有20%～40%出现视网膜病变，8%有严重视力丧失。现阶段，糖尿病视网膜病变的主要危险因素包括糖尿病病程、高血糖、高血压及血脂紊乱等。有日本研究发现，*ALDH2*基因突变的人群糖尿病视网膜病变发生风险较*ALDH2*基因野生型的人群更高。此外，糖尿病会造成肺部损伤引发一系列肺部疾病。例如，糖尿病容易诱发获得性肺炎，增加肺

炎患者的病死率；糖尿病增加肺间质纤维化、肺结核以及睡眠呼吸暂停综合征（obstructive sleep apnea hypopnea syndrome，OSAHS）的发病率。

［建议］将*ALDH2*基因检测作为糖尿病视网膜病变的危险因素进行早期筛查。

*ALDH2*与糖尿病及其并发症的发生密切相关，越来越多的研究发现*ALDH2*基因突变会增加糖尿病的患病风险，并且与糖尿病诸多并发症之间也存在关联。建议将*ALDH2*基因检测作为糖尿病患者并发症的危险因素进行早期筛查，提前预防和定期检测，实现早发现和早治疗的目的。

糖尿病治疗原则

中国各类型糖尿病中2型糖尿病占93.7%，1型糖尿病占5.6%，其他类型糖尿病占0.7%，本文主要侧重于介绍2型糖尿病的治疗方案。

目前，糖尿病仍然是一种不可根治的疾病，需要终身治疗，提倡综合治疗模式。"五驾马车"是经典的糖尿病治疗方案，以糖尿病教育为核心，饮食调整、合理运动、药物治疗及自我监测。注意血脂、血压等代谢指标控制，避免各种急慢性并发症，提高患者的生活质量。

1. 教育和管理

积极参与各项糖尿病教育与培训项目，了解糖尿病的自然进程、症状、并发症的防治（特别是足部护理）、个体化的治疗目标、运动、口服药、胰岛素治疗的意义和注意事项等。糖尿病教育和管理需要患者及家属的密切配合，有效的糖尿病教育有助于减少和延缓该病的发生和发展。

2. 饮食治疗

饮食治疗是糖尿病治疗的基础，是贯穿糖尿病病程任何阶段的必不可少的措施。病情轻微者仅通过饮食和运动即可取得显著疗效。营养治疗的总原则如下：合理控制总热量摄入；平衡膳食；各种营养物质摄入均衡；称重饮食，定时、定量进餐；少量多餐，每日3～6餐。

3. 运动治疗

运动可增加胰岛素敏感性、改善血糖控制、减轻体重、降低心血管疾病的风险，有助糖尿病患者的心理健康。运动治疗的总原则要注意个体性、安全性、适度性、长期性，从小量开始，逐步增加，根据个人身体状况合理调节。

4. 自我监测

自我监测是糖尿病管理中的重要手段之一，能够有效监控病情变化和治疗效果，以便及时调整治疗方案，主要监测指标包括HbAlc、血糖和尿糖。血糖监测一般包括餐前、餐后2小时、睡前和夜间血糖。此外，还应定期监测尿常规、肝肾功能、心电图和眼底变化等。

5. 药物疗法

2型糖尿病的药物治疗包括口服降糖药物和胰岛素治疗。口服药物治疗主要通过增加体内胰岛素的分泌或加强胰岛素在体内的作用，降低血糖浓度。根据药物作用机制的不同，可以分为促进胰岛素分泌剂的药物（如磺胺类药物、格列奈类药物）、促进胰岛素作用的药物（如双胍类药物、噻唑烷二酮类药物）和减少葡萄糖肠道内吸收速度的药物（如α-糖苷酶抑制剂）。2型糖尿病患者在生活方式和口服降糖药联合治疗的基础上，如果血糖仍然未达到控制目标，即可开始口服药和胰岛素的联合治疗。一般经过较大剂量多种口服药联合治疗后HbA1c仍大于7.0%时，就可以考虑启动胰岛素治疗。根据胰岛素作用特点的差异，胰岛素又可分为超短效胰岛素类似物、常规（短效）胰岛素、中效胰岛素、长效胰岛素（包括长效胰岛素类似物）和预混胰岛素（包括预混胰岛素类似物）。胰岛素使用原则应坚持：在一般治疗和饮食治疗的基础上进行，个体化使用胰岛素，小剂量起步，及时稳步调整剂量等。

第4节 ALDH2基因与高脂血症

高脂血症"来势汹汹"

改革开放40年来，随着人们生活水平的提高，中国人群的血脂水平也在逐步升高，血脂异常患病率明显增加。2012年全国调查结果显示，中国成人血脂异常总体患病率高达40.40%。人群血清胆固醇水平的升高将导致2010—2030年期间中国心血管病事件增加约920万件。中国儿童青少年高胆固醇血症患病率也有明显升高。从以上数据可以看出，中国的高脂血症患者不仅在逐渐增加，而且发病年龄也进一步提前，未来将是影响国民健康的重大问题。陈灏珠院士曾对不同年代上海健康人群的血脂水平进行过调查，时间跨度从1973—2018年，调查结果如下图。可见无论是人群总胆固醇水平还是甘油三酯水平均呈井喷式增长，面对如此"来势汹汹"的高脂血症，该如何有效应对？

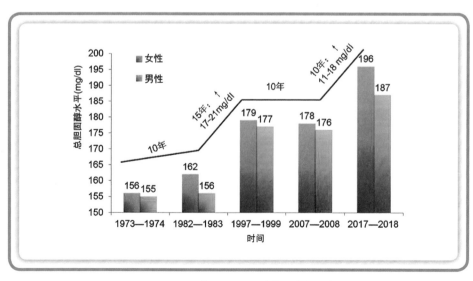

1973—2018年间总胆固醇水平变化趋势
注：1 mg/dl=0.02 586 mmol/L

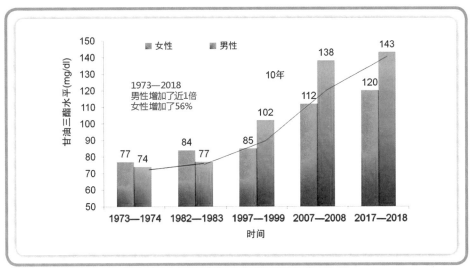

1973—2018年间甘油三酯水平变化趋势
注：1 mg/dl=0.01 129 mmol/L

你真的了解血脂吗?

生活中很多人会觉得"我这么瘦，血脂肯定没问题"，或者是"我还年轻，基础代谢好，摄入的高热量、高脂类的食物肯定很快就代谢了"。因此，很多人并不重视血脂这个指标，也不了解血脂的构成。血脂，简单地说就是血液中的脂肪类物质，包括胆固醇、甘油三酯、脂肪酸和磷脂等，正常水平的脂质具有重要的生理功能，是人体能量的重要来源。

胆固醇存在于所有细胞中，首先它是细胞膜的主要成分之一，与细胞正常代谢相关；其次，它可以转化成性激素、维生素等物质，参与人体的正常代谢。因此，过度减肥会对身体造成严重的损伤，而过高的胆固醇摄入也会为身体增加负担，引发高胆固醇血症，从而导致心脑血管疾病的风险增加。大部分胆固醇是人体自身合成的，当摄入高热量和高脂肪的食物时胆固醇的合成就会增加，导致血液中胆固醇浓度增加。胆固醇含量较高的食物有动物内脏、蛋黄、鱿鱼等。

甘油三酯是人体内含量最多的脂类，是人体主要的能量储存库，可以分解为游离的脂肪酸和甘油。它主要是从饮食中获得的，只有少量是人体自身合成的。人们平时食用的植物油和动物油的主要成分就是甘油三酯，因此营养学家提倡大家少油饮食。

磷脂是指含有磷酸的脂类，常与蛋白质、糖脂以及胆固醇等构成磷脂双分子层，是细胞膜的主要成分。其主要作用是维持机体的基础代谢。血浆中的磷脂主要由肝脏和小肠黏膜合成，食物中摄入的则需要小肠水解吸收。富含磷脂的食物包括蛋黄、瘦肉以及豆类食物等。

什么是脂蛋白?

大家都知道油是漂浮在水面上的，不溶于水；而血浆中的胆固醇和甘油三酯是疏水分子，也不溶于水，它们需要与血液中的蛋白质以及其他脂类结合生成脂蛋白，溶于血液中才能在体内进行转运。脂蛋白就像运输车一样将胆固醇转运到需要它的场所进行分解和转化。脂蛋白包括乳糜蛋白、极低密度脂蛋白、中间密度脂蛋白、LDL和HDL等。

与LDL结合的胆固醇就形成低密度脂蛋白胆固醇（low density lipoprotein cholesterol，LDL-C），常被称为"坏"胆固醇；而和HDL结合的就形成高密度脂蛋白胆固醇（high density lipoprotein cholesterol，HDL-C）则被称为"好"胆固醇。LDL-C的主要功能是将肝脏合成的胆固醇转运到其他组织中发挥作用，而HDL-C则是将组织中多余的胆固醇转运到肝脏中进行分解和代谢。它们的共同协作才能保证胆固醇在体内发挥正常的生理作用。如果LDL-C过高或者HDL-C过低就会导致血脂代谢异常，胆固醇在组织中积累，在血管壁积累过多就会形成斑块，引起血管堵塞。

你了解高脂血症吗?

血脂具有重要的生理作用，不能过低也不能过高。而随着生活水平的提高，高脂血症越来越普遍。由于各种原因导致血清中胆固醇或甘油三酯水平升高就称为高脂血症，也就是常说的"三高"中的高血脂。临床上，血脂检测的基本项目包括总胆固醇、甘油三酯、LDL-C和HDL-C四项，其他血脂项目如载脂蛋白和脂蛋白（a）等临床应用相对较少。根据2016年发表的《中国成人血脂异常防治指南》，对于ASCVD一级预防人群提出了血脂合适水平和异常切点的建议，而对于有明确动脉粥样硬化性心血管疾病的人群来说，血脂的控制目标要求更高。

ASCVD一级预防人群的血脂合适水平和异常切点 [mmol/L（mg/dl）]

分层	TC	LDL-C	HDL-C	非HDL-C	TG
理想水平		＜2.6（100）		＜3.4（130）	
合适水平	＜5.2（200）	＜3.4（130）		＜4.1（160）	＜1.7（150）
边缘升高	≥5.2（200）且	≥3.4（130）且		≥4.1（160）且	≥1.7（150）且
	＜6.2（240）	＜4.1（160）		＜4.9（190）	＜2.3（200）
升高	≥6.2（240）	≥4.1（160）		≥4.9（190）	≥2.3（200）
降低			＜1.0（40）		

注：引自2016年《中国成人血脂异常防治指南》；ASCVD：动脉粥样硬化性心血管疾病；TC：总胆固醇；TG：甘油三酯；HDL-C：高密度脂蛋白胆固醇；LDL-C：低密度脂蛋白胆固醇

高脂血症的分类比较复杂，最实用的是临床分类，该分类方法用于指导临床对高脂血症治疗方案的选择。临床分类如下表所示。

高脂血症的临床分类

高脂血症	TC	TG	HDL-C	相当于WHO表型
高胆固醇血症	增高			Ⅱa
高TG血症		增高		Ⅳ、Ⅰ
混合型高脂血症	增高	增高		Ⅱb、Ⅲ、Ⅳ、Ⅴ
低HDL-C血症			降低	

注：引自2016年《中国成人血脂异常防治指南》；TC：总胆固醇；TG：甘油三酯；HDL-C：高密度脂蛋白胆固醇

高脂血症是一系列疾病的元凶

经常做家务的人应该会注意到，处理油水比较多的汤汁时，一般不会直接倒入下水道中，主要是因为油脂会附着在下水道的管壁上，久而久之越积越厚就会导致下水道堵塞，这样就必须要进行清理。同样，如果大量脂类物质在血液中沉积移动，就会降低血液流速，并通过氧化作用沉积在动脉血管内皮上，长期黏附在血管壁上损害血管内皮，导致血管硬化，称为"动脉粥样硬化"。

高血脂会引起肝脏功能损伤。长期的高血脂会引发脂肪肝，而后还会导致肝硬化，损害肝脏功能。

高血脂会形成大量自由基，损害人体的细胞。人体的血液中如果有大量的游离脂质物质堆积，就会增加人体的耗氧量，并且通过氧化作用，形成脂质

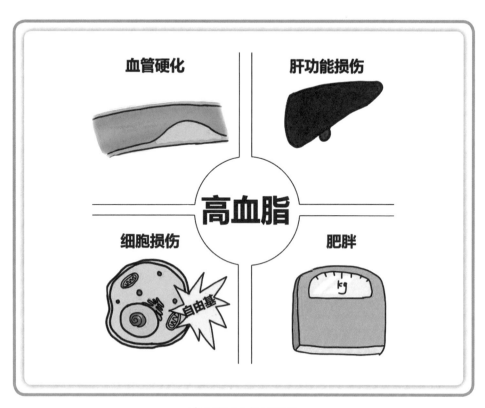

高血脂对人体的影响

的氧化自由基，游离在血浆中，损害机体的细胞，使细胞死亡、衰老，导致细胞功能损伤和人体衰老。

高血脂会使人体的pH值呈弱酸性，这样就很容易受到病毒或细菌的侵犯，并影响钙的分解和游离，从而导致钙流失和骨质疏松。

高血脂会引起人体发胖。血液中如果有太多的脂肪，就会在皮下、内脏和血管壁周围大量沉积下来，造成身体脂肪的堆积，而导致肥胖。

导致高脂血症的原因是什么？

去医院就诊的时候，医生通常会问："最近都吃了哪些食物，在吃什么药，有什么其他的疾病史或者是家族史"之类。那是因为医生需要找到产生不适症状的原因再对症下药。因此，想要控制血脂就要先找到引起其代谢异常的原因。

导致血脂代谢异常主要有如下几种原因。

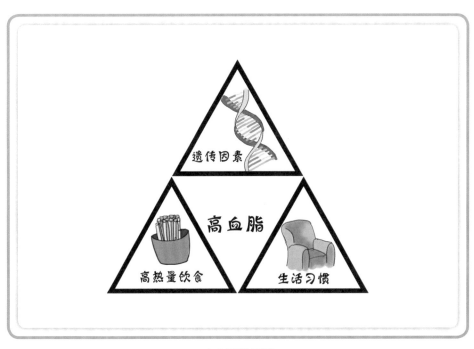

高血脂的原因

1. 遗传因素

家族性高胆固醇血症是一种罕见的常染色体显性遗传疾病，患者的胆固醇和LDL-C浓度会异常升高。细胞表面的脂蛋白受体基因缺陷或者脂蛋白基因突变也会导致脂代谢异常，如载脂蛋白E（apolipoprotein E，ApoE）基因突变就会影响LDL-C在体内的分解代谢而导致其浓度升高。

2. 饮食和生活习惯

为什么现在高血脂的人群越来越多？为什么城市人群的高血脂比例高于农村？这与当下人们的饮食结构以及生活习惯息息相关。现在的年轻人大多追求简单、快捷的生活方式，所以很多人都在外面吃快餐，摄入过多的高热量和高脂食物。另外，由于工作原因又多处于久坐状态，缺乏运动，因此高脂血症的发生率才会逐年上升。

*ALDH2*基因检测的意义

HDL-C是人体的"好"胆固醇，会促进胆固醇的分解代谢。研究发现，*ALDH2*基因野生型小鼠适量的酒精摄入会增加其体内的HDL-C水平，且改善了心脏内的能量代谢，而在*ALDH2*基因敲除的小鼠中乙醛浓度显著增加，HDL-C水平并未增加，小鼠的病死率亦显著增加。在中国、日本以及韩国人群中的大数据研究也发现，*ALDH2*基因野生型人群的HDL-C水平显著高于携带*ALDH2*基因突变的人群，这种现象在适量饮酒的情况下尤为明显。作者团队曾对753例稳定性冠心病患者进行观察研究，发现对*ALDH2*基因野生型患者来说，低中量饮酒者HDL-C水平更高，而突变型患者则未见这一现象。

1933年，Smith和Willius最早报道在过度肥胖患者中发生充血性心力衰竭，而这些患者却无冠心病、高血压、瓣膜病或其他心脏疾病，并提出了肥胖与心脏功能失常的关系。高脂饮食是导致肥胖的主要原因之一，而肥胖是心脏疾病的独立危险因素，多种机制参与肥胖性心肌病变，如脂质毒性、炎症、凋亡、氧化应激、内质网应激以及自噬失调等。

对肥胖患者的研究发现，*ALDH2*基因突变者心脏舒张功能障碍更加明显。因此，对于肥胖患者，优先建议减肥以保护心脏功能。日本学者调查发现，*ALDH2*基因型与体内的HDL和LDL水平密切相关，HDL和LDL与动脉粥样硬化密切相关，这可能是*ALDH2*基因突变肥胖患者更容易发生心功能障碍的原因之一。动物实验研究发现，高脂饮食小鼠心肌细胞内的ALDH2活性降低，心肌细胞肥厚程度与ALDH2活性呈现负相关性。新近研究报道，ALDH2对高脂饮食诱发的心肌病变有保护作用，表现在ALDH2抑制高脂饮食引起的心肌肥厚，减轻心肌间质纤维化，而其机制与ALDH2调节心脏的自噬状态有关。也有研究发现，ALDH2拮抗高脂对心肌损伤与其降低心肌细胞凋亡、减少胰岛素抵抗有关。

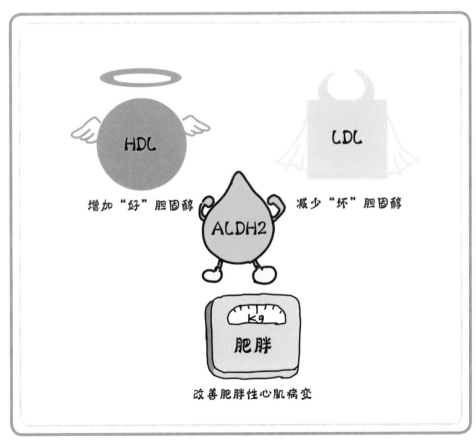

ALDH2与血脂、肥胖的关系

高脂血症的治疗原则

血脂异常与饮食和生活方式有密切关系，饮食治疗和改善生活方式是血脂异常治疗的基础措施。无论是否选择药物调脂治疗，都必须坚持控制饮食和改善生活方式。

1. 饮食均衡

饮食均衡，多吃水果蔬菜、含纤维素较高的食物，常吃鱼肉和瘦肉等，少食动物油脂、奶油、含糖量较高的食物等。建议每日摄入胆固醇小于300 mg，摄入脂肪不应超过总能量的20%～30%。一般人群摄入饱和脂肪酸应小于总能量的10%；而高胆固醇血症者饱和脂肪酸摄入量应小于总能量的7%，反式脂肪酸摄入量应小于总能量的1%。高甘油三酯血症者更应尽可能减少每日摄入脂肪总量，每日烹调油应少于30 g。脂肪摄入应优先选择富含多不饱和脂肪酸的食物（如深海鱼、鱼油、植物油）。建议每日摄入碳水化合物占总能量的50%～65%。碳水化合物摄入以谷类、薯类和全谷物为主，其中添加糖摄入不应超过总能量的10%。

2. 加强运动

建议每周5～7天、每次30分钟中等强度的代谢运动。对于明确为冠心病的患者应先请医生充分评估安全性后，根据适合自己的运动量进行身体活动。避免长时间静坐，工作学习一段时间后要起身活动。

3. 控制体重

肥胖是血脂代谢异常的重要危险因素。血脂代谢紊乱的超重或肥胖者的能量摄入应低于身体能量消耗，以控制体重增长，并争取逐渐减轻体重至理想状态。减少每日摄入食物的总能量（每日减少300～500 kcal，1 kcal=4.18 kJ），改善饮食结构，增加身体活动，可使超重和肥胖者体重减少10%以上。维持健康体重（BMI为20.0～23.9 kg/m^2）有利于控制血脂。

4. 生活规律

早睡早起，使身体器官有足够的时间恢复活力，才能更好地完成基础代谢的工作；学会调节自己的情绪，保持好心情；定期检查血脂水平，做到早发现、早干预，降低由血脂代谢异常导致的心脑血管疾病以及其他疾病的风险。

5. 药物治疗

建议在医师的指导下使用合适的调脂药物干预血脂代谢，主要药物有他汀类药物、贝特类药物、烟酸类降脂药、依折麦布以及前蛋白转化酶枯草溶菌素9（PCSK9）抑制剂为代表的新型降脂药物。

6. 适宜人群可适量饮酒

对于*ALDH2*基因型为野生型且无其他危险因素的人群可适量饮酒升高体内的HDL-C水平，达到降低心血管事件风险的目的。

第5节 ALDH2基因与动脉粥样硬化

根据国家卫健委数据统计，2016年心脏病介入治疗总数约67万人（包括支架手术），其中心肌梗死患者约高达14万人，全国卒中统计人数有1 300万。

亚洲人群中，近半数缺乏ALDH2，而ALDH2是乙醇代谢通路的关键酶，不仅能代谢乙醛，还可以代谢其他毒性醛类（如4-HNE），而且能够抵抗氧化应激导致的细胞凋亡，与心血管疾病存在重要关系。2012年的全基因组关联分析研究证实，*ALDH2*基因突变是冠心病的一个遗传易感基因位点。ALDH2还参与心肌保护与神经系统保护，激活ALDH2能够降低心肌缺血性损伤和脑缺血性损伤。因此，对ALDH2影响心血管疾病机制的进一步深入研究必将有助于促进心脑血管疾病易患人群的早期筛选、个体化预防，以及新的分子靶点药物研制。相关机制研究显示，ALDH2对心脑血管疾病的影响与其对饮酒、醛类物质、炎症和氧化应激、血脂和血糖以及内皮功能等的作用密切相关。

如此庞大的患病人群基数，是什么原因造成的呢？

上述问题都发生在人体的血管内。人的血管像一条内壁光滑的水管，血液像奔腾的水流沿着管路昼夜不息地流动着。一旦血管壁不光滑，管腔出现凹凸不平的现象，就像坎坷的道路容易发生交通堵塞一样，会发生血管堵塞，心肌梗死、卒中都是相关血管堵塞的后果。道路崎岖可以再次修平整，但血管壁凹凸不平很难恢复原有的光滑、宽阔，需要依靠医学手段，比如用支架将狭窄的血管腔撑开，避免进一步发生拥堵。

血管如水管

是什么原因造成了血管的凹凸不平？

当血管壁上沉积了像小米粥一样的黄色脂类，称为"斑块"，有的皮薄馅大，容易破裂，称为不稳定斑块；有的皮厚馅小，比较结实，称之为稳定斑块。它们是由血液中"坏"胆固醇沉积造成的，被称为血液垃圾。当血液垃圾增多时，"斑块"变大，逐渐向血管腔突出，造成血管壁表面凹凸不平，即发生动脉粥样硬化病变。

[注释] 胆固醇有好坏情况，当胆固醇与运输载体LDL结合后，就变成了大名鼎鼎的"坏"胆固醇，学名低密度脂蛋白胆固醇（化验单上常常是英文缩写LDL-C），"坏"胆固醇容易在血管壁上沉积下来，形成粥样斑块，破坏健康血管。

什么是动脉粥样硬化？

动脉粥样硬化是西方发达国家的流行病，随着中国生活水平提高，饮食习惯改变，逐渐成为影响中国心脑血管疾病的主要原因。动脉粥样硬化始于儿童时代而持续进展，通常在中年或中老年出现临床症状。

医学意义上的动脉粥样硬化是血管疾病中的一种，典型的动脉粥样硬化病变是指在大动脉及中等动脉受到血液冲击、高血压、高血糖等因素的影响，血管内壁破损，脂质大量沉积，内膜增厚，向管腔突出，有时还会出现钙化。

形象的理解是：就像下水道使用时间久了，管壁受到腐蚀，表面毛糙，食物残渣容易在管壁堆积，导致管腔变窄，血液通过缓慢，血流量减小，这些"残渣"堆积久了会变硬，形成斑块。如果斑块破裂就会引发血栓形成，造成血管堵塞，导致堵塞血管供应的组织缺血缺氧发生坏死；如果是心脏血管或脑血管堵塞则引发心肌梗死或脑梗死。

动脉粥样硬化是心脑血管疾病常见的基础病变

细心的你会发现，在朋友或家人的药物处方单、检测申请单中，诊断一栏写着：动脉粥样硬化性心脏病（冠心病）、动脉粥样硬化性脑梗死的诊断字样。

可见，动脉粥样硬化是导致冠心病和脑卒中的常见原因之一。世界范围内，在动脉粥样硬化基础上血栓形成导致的死亡人数占全部死亡人数的50%，远远超过了第二位的死亡原因——肿瘤。为心脏提供营养的血管称作冠状动脉，如果冠状动脉的粥样硬化斑块影响管腔直径狭窄超过70%时容易引起心绞痛，如果斑块破裂、血栓形成突然完全堵塞冠状动脉则会引发心肌梗死。

动脉粥样硬化病变还会带来哪些危害？

动脉粥样硬化发生在血管中，所以会累及全身各处，无论发生在哪个部位，都会导致管腔狭窄、供血减少，严重者可导致坏死，影响器官形态和功能。

若发生在下肢，称为下肢动脉粥样硬化，是中老年人常见的疾病之一。30%的脑血管患者、25%的缺血性心脏病患者同时合并下肢动脉粥样硬化，严重者走路会发生拐瘸。

中老年人常见的动脉粥样硬化疾病还有肠系膜动脉粥样硬化，可引起消化不良，以及原因不明的呕吐、便秘等；严重者发生腹痛、腹胀等，进一步可导致肠壁坏死。

肾动脉粥样硬化可引起顽固性高血压，如发生堵塞，可引起肾区疼痛、无尿，长期供血不足将导致肾萎缩甚至肾衰竭。

是什么导致动脉粥样硬化病变？

众所周知，动脉粥样硬化是系统性、全身性、进展性疾病。尤其在遇到高血压、糖尿病、吸烟等因素时，血管内皮受损，胆固醇进入血管内皮，随后发生氧化过程，最终形成斑块。

总体来讲，动脉粥样硬化的发生和发展过程是由于内皮功能受损、炎症发生、脂质沉积过程最终形成斑块。除了有饮食习惯、生活方式影响外，一些

动脉粥样硬化影响全身器官

先天性因素也会促进动脉粥样硬化的进程。尤其是*ALDH*基因，也被称为"酒精基因"，参与酒精、烟、醛类物质代谢，在动脉粥样硬化的发生和发展过程中也发挥作用，即机体发生氧化应激，导致氧自由基产生和清除失衡，活性氧增加，对血管内皮产生损伤，活性氧在体内蓄积又会增加有毒醛类的产生（如4-HNE），进一步加重氧化应激对内皮功能的损伤，导致动脉粥样硬化的发生。

*ALDH2*基因编码*ALDH*能够代谢机体内的有毒醛类，保护血管内皮功能，维持斑块稳定，减少炎症因子产生，发挥抑制细胞凋亡以及心肌抗氧化损伤的作用，在动脉粥样硬化的发展中起重要调节作用。如果*ALDH2*基因发生突变，ALDH活性下降，机体抵抗氧化应激、解毒醛类物质能力下降。

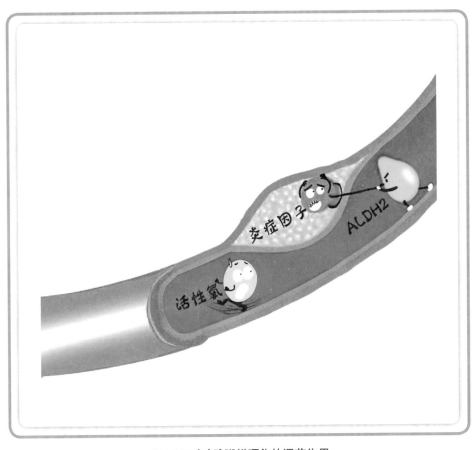

***ALDH2*对动脉粥样硬化的调节作用**

ALDH2基因检测的意义

1. 高血压早期动脉粥样硬化高危人群筛查

动脉粥样硬化是高血压患者主要的血管损害，在动脉粥样硬化的进程中，最早被发现的是颈动脉内膜中层厚度（intima-media thickness，IMT）增加，也是评价动脉粥样硬化内膜损伤的指标。

四川省人民医院在当地做过相关研究，发现在原发性高血压人群中，*ALDH2*基因检测结果为突变人群的IMT比野生型厚0.24 mm，已经表现出IMT增厚的倾向，并且随着年龄增加，发生IMT增加的风险升高；而遗传因素*ALDH2*基因突变比年龄因素对其影响更大，风险进一步增加。

检测结果提示，对*ALDH2*基因突变的高危人群，建议通过简单的超声检查定期对IMT进行评判，预防动脉粥样硬化的发生和发展。评判标准：目前临床工作中将IMT ≥ 1.0 mm定义为内-中膜增厚；将IMT ≥ 1.5 mm或内膜增厚超过邻近正常内膜厚度的50%定义为斑块。

2. 斑块稳定性评估

目前采用辅助超声和动脉硬化检测设备对斑块和血管的硬化程度进行病情分析，评估斑块的稳定性。

动脉粥样硬化严重程度采取Crouse评分，是将动脉内斑块厚度值进行累加，累加值越高，动脉粥样硬化严重程度越重。动脉硬化，与动脉粥样硬化不同，是动脉血管管壁增厚、变硬，失去弹性、管腔狭窄。美国心脏病协会制订了检测动脉硬化的"金标准"——脉搏波传导速度（pulse wave velocity，PWV）和踝臂指数（ankle brachial index，ABI），ABI ≤ 0.90可评定为周围血管疾病（包括外周血管动脉粥样硬化或狭窄），PWV > 1 400 cm/s为存在周围动脉硬化。

解放军总医院心内科团队针对高龄老年人评估了*ALDH2*各个基因型对动脉粥样硬化斑块和动脉硬化程度的影响。与野生型人群相比，*ALDH2*基因突变型患者颈动脉粥样硬化斑块评分更高，血管硬化程度更严重。

山东齐鲁医院心内科团队通过实验动物模型发现：*ALDH2*基因功能缺失

导致动脉粥样硬化斑块面积增加，脂质、巨噬细胞、炎症因子易在斑块处聚集，导致斑块不稳定。而且检测结果为*ALDH2*基因突变的人群，斑块内脂质、巨噬细胞、炎症因子易发生聚集，导致斑块不稳定。因此，应关注动脉粥样硬化斑块评估及动脉硬化进展。如果已发生心脑血管疾病，建议进行稳定斑块治疗、定期斑块评估，并采取延缓动脉硬化的措施。

如何预防和改善动脉粥样硬化，稳定斑块

（1）改善生活方式和饮食习惯：戒烟、健康饮食、加强运动和控制肥胖等。戒烟是稳定斑块最重要的生活干预措施，可考虑将动物固醇转换为植物固醇（如植物油类、坚果种子类、豆类等）。

（2）控制危险因素：如戒烟，将血压、血脂和血糖水平控制在正常范围之内。

（3）建议使用他汀类药物进行一级预防，如果合并心脑血管疾病，则需要使用他汀药物稳定斑块。

（4）定期进行斑块评估：采用影像学CT扫描和血管内超声检查，均有助于评估斑块的稳定性。

第6节　ALDH2基因与冠心病

　　心血管疾病是中国城乡居民的第一位死亡原因，而冠心病引发的病死率已是危害人类健康的第一杀手。根据《中国心血管病报告2017》数据显示，中国冠心病患病人数高达1 100万，冠心病的发病率及其引发的并发症——心肌梗死的病死率仍呈上升态势。冠心病具有病死率高、死亡突发性强的特点。冠心病发生的突然性、紧迫性以及导致后果的严重性往往给家庭带来沉重的负担，因而冠心病的早期预防及治疗显得尤为重要。

人们身边或多或少都存在冠心病患者，那什么是冠心病？

　　冠心病全称为冠状动脉粥样硬化性心脏病，是因供养心脏的冠状动脉血管粥样硬化使管腔狭窄或堵塞，引起心肌缺血、缺氧或坏死导致的心脏疾病。冠心病可以引起心绞痛、心律不齐、心肌梗死、心力衰竭，甚至心脏骤停、猝死的发生。

　　心脏是一个不停跳动的空腔器官，包括左右心室和左右心房四间房，其中左心房和左心室相连，将来自肺里的富含氧气的血液通过主动脉血管输送到全身组织。而右心房和右心室相互协作，将人体组织中氧气耗尽的血液泵入肺部，从而排出二氧化碳并吸入氧气。

冠心病是怎么发生的呢？

　　心脏就一直这么周而复始、不分昼夜、有节奏地跳动着，维系着人体血液的循环和养分的供应。心脏这台发动机在运转的时候同样也需要有"营养物质"的供应，负责给心脏输送"营养物质"的血管就是冠状动脉。左右主冠状动脉从主动脉分出并包裹心脏，左主冠状动脉（左主干）进一步分为左前降支和回旋支动脉，分别给心脏的前壁、后壁和侧壁供血；右冠状动脉给心脏的右室、前侧壁以及下壁供血。

当机体脂类代谢异常时，血液中的脂质沉积在原本光滑的动脉内壁上，于是在动脉内壁上出现类似粥样的脂类物质堆积而形成的斑块，也就是大家熟悉的"动脉粥样硬化"。当这种斑块大量堆积在冠状动脉时，可造成冠状动脉管腔狭窄，堵塞血液流动，影响给心肌供氧的能力以及代谢产物的排出，可引发一系列的问题，如心肌损伤（引起胸痛）、泵血功能减退、心律不齐，甚至停止泵血，即心脏骤停。如果斑块突然破裂，更可能阻塞分支血管引发心肌梗死。

哪些因素是冠心病发生的危险因素？

预防心脏病的首要策略就是要降低冠心病的发生率，减少冠心病发生的危险因素。

1. 非遗传因素

目前已发现多种引起冠心病的危险因素，如吸烟、超重/肥胖、高血压、血脂代谢异常和糖尿病等，其增加冠心病的风险如下。

引发冠心病的风险因素

危 险 因 素	危险比	城市发病率（%）	农村发病率（%）
高血压	2.08	19.3	18.6
吸烟（≥1支/天）	1.55	63.0（男） 4.5（女）	69.0（男） 6.3（女）
超重（BMI ≥ 25 kg/m²）	1.34	25.8	19.3
高总胆固醇（≥ 5.20 mmol/L）	1.57	9.2	5.7
糖尿病	1.95	3.2	2.4

高血压是冠心病和脑卒中的主要危险因素。据估算，目前全国高血压患者数高达2.7亿，而30%～40%的冠心病患者同时合并高血压。高血压加速脂肪在动脉壁上沉积从而形成粥样斑块。高血压还会直接损害动脉的内膜，因而增加脂质沉积的机会。大量临床研究也表明，降低血压可以预防冠心病，还可以预防脑卒中。

吸烟是心血管疾病的重要危险因素之一。根据2010年全球成人烟草调查（Global Adult Tobacco Survey，GATS）中国项目报告，目前15岁以上烟民有3.56亿，被动吸烟者7.38亿。如此庞大的吸烟群体对冠心病的影响不言而喻。香烟内的尼古丁会升高血压和加速脉搏跳动，还会刺激血管的收缩，同时也会引起心律不齐，增加血栓形成的机会。

胆固醇和冠心病的关系太密切了，可以说没有胆固醇就没有冠心病。胆固醇每升高1%，冠心病发生危险就增加2%。血脂化验单上表示胆固醇的指标包括总胆固醇（TC）、LDL-C（俗称"坏"胆固醇）、HDL-C（俗称"好"胆固醇）。健康的动脉血管壁是富有弹性的，但是当血液中"坏"胆固醇过多，会钻入血管内皮下方，血液中的"巡逻警察"将这种异常的胆固醇吞噬，但由于无法分解，形成泡沫细胞，泡沫细胞不久以后会因为胆固醇吸入过量而破裂，如此一来，胆固醇、泡沫细胞残余物会在内膜上形成粥样斑块。

糖尿病与心脏病密切相关，这两种疾病从根本上来说都是血管的病变。从糖尿病来说，长期高血糖，特别是血糖波动过大，对血管的刺激性非常大，将造成血管内皮损伤，损伤发生后即会形成破损，就像河道中有了障碍物一样，血液中的脂肪等大分子物质遇障碍物就会沉积下来，形成动脉粥样硬化斑块。因此，患糖尿病可大大增加冠心病的发病风险。

肥胖者摄入过多的热量，在体重增加的同时，心脏负荷和血压均升高。此外，过多的热量还会增加胆固醇水平，促进冠状动脉粥样硬化形成和加重，因此肥胖者更易出现冠心病。

除以上这些比较明确的危险因素外，众多临床与流行病学研究已明确冠心病是一种多基因遗传病，即由遗传因子和环境因素共同作用的结果。ALDH2不仅是酒精代谢过程中的关键酶之一，可催化乙醛转化为乙酸；而且还广泛参与消除脂质过氧化中产生的醛类物质，比如4-HNE和丙二醛

（malondialdehyde，MDA）。心肌缺血时氧自由基升高，氧自由基能引起生物膜磷脂中的不饱和脂肪酸发生脂质过氧化反应，而4-HNE是脂质过氧化反应醛基产物中重要的物质，可破坏线粒体功能，抑制心肌收缩力，诱导心律失常，造成动脉粥样硬化血管损伤。因而ALDH2可减少乙醛及其他脂肪族醛的细胞毒性，延缓动脉粥样硬化的进程，具有重要的心脏保护作用，目前已成为心血管疾病生化标志物研究的新热点。

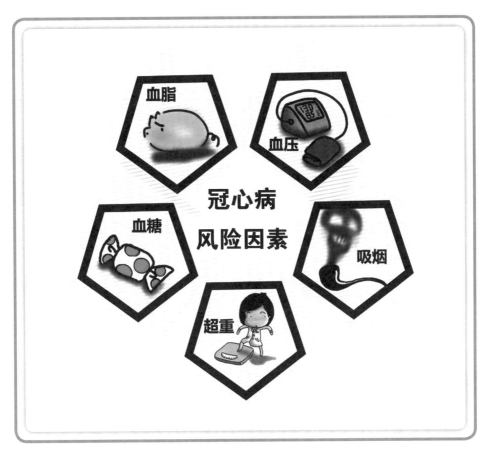

冠心病的风险因素

2. 遗传因素

*ALDH2*基因与冠心病发病风险

线粒体作为参与能量代谢的重要细胞器，是冠心病引起心肌缺血、缺氧较早累及的部位。ALDH2是线粒体内一种重要的酶蛋白，具有正常ALDH2活性的个体更能耐受缺氧造成的细胞损伤，报道显示*ALDH2*基因多态性导致个体发生冠心病的易感性存在差异。

1）*ALDH2*基因与冠心病发病及严重程度

2010年山东齐鲁医院学者进行了病例-对照研究，分别纳入符合入选标准的急性冠状动脉综合征患者（546名）和健康对照组（546名），检测受试者的*ALDH2*基因多态性。结果发现，*ALDH2*基因突变型使急性冠脉综合征发病风险增加95%，在校正饮酒因素后，*ALDH2*基因突变型依然是急性冠脉综合征发生的独立危险因素。此外，*ALDH2*基因突变型还与超敏C反应蛋白升高相关。

超敏C反应蛋白是非常敏感的炎症指标，临床上用于鉴别细菌感染和病毒感染。其次，超敏C反应蛋白升高提示病情加重或出现并发症；还可以用来判断抗生素的疗效，如果抗生素治疗有效，治疗后的超敏C反应蛋白下降明显。此外，超敏C反应蛋白升高与心血管疾病的发生密切相关，对冠心病的发生、发展和预后的判断具有重要意义。

全基因组关联分析（genome-wide association study，GWAS）利用全基因组范围内筛选和疾病或其他表型相关遗传标志，目前已鉴定出大量与疾病相关的一系列遗传变异。2012年，《自然−遗传》（*Nature Genetics*）杂志发表了一项纳入3万多个样本的GWAS研究，结果发现了包括*ALDH2*在内的基因序列是冠心病发病的易感区域。在东亚人群的日本人中也发现*ALDH2*是冠心病的易感基因。

在一项纳入12项研究3 305病例和5 016对照的荟萃研究中发现，携带突变型*ALDH2*基因的患者罹患冠心病（包括心肌梗死）的风险明显增加。目前已有多项荟萃分析结果表明，*ALDH2*基因突变可能增加冠心病易感性。

ALDH2功能缺失会增加体内的氧化应激，促进心肌细胞的坏死和凋亡，加重心肌的肥大和纤维化，增加动脉粥样硬化斑块的不稳定性，从而增加冠心病的发病危险。

*ALDH2*基因不仅是冠心病发生的独立风险因子，而且与冠心病发病程度有关。

冠状动脉主要血管包括左冠状动脉和右冠状动脉，而其中左主干又包括了前降支和回旋支。如果这几支主要血管被堵塞，情况非常危急。有的人只是其中一支的某一部分病变严重，称为单支病变；有的人则是多支血管受累，相对于单支病变，多支病变就是由此而来，也就是患者血管病变的支数。一般情况下，三支血管病变的病情肯定要比单支血管病变严重。

ALDH2在维持心肌微环境中发挥着重要作用。临床研究也表明，*ALDH2*基因突变者更易出现多支冠状动脉病变。ALDH2活性水平与冠心病病变严重程度及病变血管支数均相关。因此，检测ALDH2活性或突变水平有可能成为冠心病严重程度的评价指标。

[建议] 若未患冠心病，*ALDH2*基因检测为突变基因型，那么，她／他未来发生冠心病的风险高于无突变基因型（野生型）；若已经患有冠心病，*ALDH2*基因检测为突变基因型，那么，她／他的冠心病病变比基因野生型更严重，需要更加积极地进行干预和治疗。*ALDH2*基因检测有可能成为冠心病严重程度的评价指标。

2）*ALDH2*基因与冠心病治疗及预后

（1）冠状动脉旁路移植术（coronary artery bypass grafting，CABG）：俗称冠状动脉搭桥，是治疗严重冠状动脉病变的重要方法，即绕过堵塞血管，建立旁路血流通道，重新恢复冠状动脉的血液供应，从而改善心脏局部缺血，很好地缓解冠心病的症状。心脏手术常需暂时阻断心脏血流。冠状动脉血流中断后，心肌尤其是心室内膜下心肌极易缺血、缺氧而致心肌损伤。冠状动脉血流恢复早期，心肌钙的摄取明显增加，细胞内ATP浓度显著下降等可导致心肌超微结构的改变，产生心肌再灌注损伤，从而进一步加重心脏损害。活性氧自由基攻击人体内脂质导致氧化产生毒性醛类物质是心肌损伤的关键环节。

ALDH2是人体内醛类代谢的关键酶。2018年北京阜外医院一项研究发现，在*ALDH2*基因突变携带者在CABG术后具有更高水平的丙二醛和羟基壬烯醛，肌钙蛋白 I 是检测心肌损伤的指标，*ALDH2*基因突变型还有具有较高的术后肌钙蛋白 I 水平，更易出现心肌损伤。此外，*ALDH2*基因突变携带者在重症监护病房的时间和术后住院时间均较长，且肺部感染率较高。类似研究也表明，*ALHD2*基因突变者丙二醛水平升高，心肌损伤程度较高，因而在临床实际中应对于*ALDH2*基因突变携带者应给予更多的心肌保护治疗。

心脏外科手术中常见的心肌保护措施包括灌注心脏停搏液、心肌低温、良好的手术操作和灌注技术。术前改善心功能，增加心肌的能量储备；术后保证冠状动脉的血液供应，合理控制心脏前、后负荷，促进心脏顺应性的恢复也是重要的心肌保护工作。常用的药物有抗氧化剂和心肌营养药物。

（2）经皮冠脉介入术（percutaneous coronary intervention，PCI）：是冠心病治疗的主要手段之一。PCI可明显改善冠心病患者的预后，延长患者寿命，提高生活质量。冠状动脉痉挛是PCI术后发生的严重并发症，进而导致心律失常、心肌缺血，甚至猝死。氧自由基升高、内皮细胞损伤是动脉痉挛的重要原因。

2016年，日本一项研究纳入了202名进行PCI术的急性冠脉综合征患者，携带*ALDH2*基因突变患者具有更高比例的冠状动脉痉挛，及更高的肌酸磷酸激酶水平。肌酸磷酸激酶主要存在于心肌、骨骼肌和脑组织中，肌酸磷酸激酶升高是急性心肌梗死的一个重要指标。此外，骨骼肌出现损伤时，肌酸磷酸激酶水平也会随之升高。

一项包括377名急性冠脉综合征患者治疗后跟踪随访的研究结果发现，携带*ALDH2*基因突变型患者的主要心脏不良事件及心源性猝死显著高于*ALDH2*基因野生型患者。

慢性稳定性心绞痛的治疗原则

根据发病特点，冠心病可分为慢性冠脉疾病和急性冠脉综合征。前者包括稳定型心绞痛、缺血性心肌病和隐匿型冠心病；后者包括不稳定型心绞痛和急性心肌梗死。其中以慢性稳定性心绞痛最为常见。

慢性稳定性心绞痛是在冠状动脉固定性严重狭窄基础上，由于心肌负荷增加引起的心肌急剧、短暂的缺血缺氧的临床综合征，通常为一过性胸部不适，其特点为短暂的胸骨后压榨性疼痛或憋闷感（心绞痛），可由运动、情绪波动或其他应激诱发。

慢性稳定性心绞痛患者的病情并不像它的名字那样长期"稳定",也可能出现变化,如在病程中发生不稳定性心绞痛、心肌梗死、心力衰竭等。因此,稳定性心绞痛治疗的主要目的是:缓解症状和预防心血管事件。

1. 药物治疗

1)缓解症状、改善缺血的药物

(1)β受体阻滞剂:只要无禁忌证(如支气管哮喘),β受体阻滞剂是慢性稳定性劳力型心绞痛患者的初始治疗药物。β受体阻滞剂可以减慢心率、减弱心肌收缩力、降低血压以减少心肌耗氧量,还可增加缺血心肌灌注,因而可以减少心绞痛发作和提高运动耐量。目前,首选选择性β受体阻滞剂,如琥珀酸美托洛尔、比索洛尔。β受体阻滞剂治疗期间心率的最佳范围是55～60次/分钟。

(2)硝酸酯类:该类药物能减少心肌需氧和改善心肌灌注,从而改善心绞痛症状。舌下含服或喷雾用硝酸甘油只能在心绞痛急性发作时或运动前数分钟预防使用。心绞痛发作时,可舌下含服硝酸甘油0.3～0.6 mg,每5分钟含服1次直至症状缓解,值得注意的是,15分钟内含服最大剂量不超过1.2 mg。长效硝酸酯类药物适用于慢性长期治疗,不能用于心绞痛急性发作。这类药物容易出现耐药,因此,每天用药时应注意给予足够的无药间期(8～10 h),以减少耐药性的发生。*ALDH2*基因与硝酸甘油治疗将在第三章第一节中详述。

(3)钙离子拮抗剂:可以改善冠状动脉血流和减少心肌耗氧,从而发挥缓解心绞痛的作用。其中,长效硝苯地平具有很强的动脉舒张作用,不良反应小,可以联合β受体阻滞剂用于伴有高血压的心绞痛患者;氨氯地平半衰期长,每日仅需服用1次就可以实现抗心绞痛和降压作用。

(4)其他药物:曲美他嗪、尼可地尔、伊伐布雷定等可根据患者情况选用。

2)改善预后的药物

(1)抗血小板药物:抗血小板药物在预防缺血性事件中起着重要作用。

(2)调脂药物:如无禁忌,需依据其血脂基线水平选择中等强度的他汀类调脂药物,调脂疗效一般以LDL-C为准,目标值LDL-C < 1.8 mmol/L。值得

注意的是，LDL-C达标后不应停药或盲目减量。

（3）β受体阻滞剂：见上述。

（4）血管紧张素转化酶抑制剂（angiotensin converting enzyme inhibitor，ACEI）或血管紧张素Ⅱ受体阻滞剂（angiotensin receptor blocker，ARB）：对慢性稳定性心绞痛合并高血压、左室射血分数（left ventricle ejection fraction，LVEF）≤40%、糖尿病或慢性肾病的高危患者，只要无禁忌证，均可使用ACEI或ARB。

2. 血运重建

对强化药物治疗时仍有缺血症状及存在较大范围心肌缺血证据的患者，如预判选择PCI或CABG治疗的潜在获益大于风险，可根据病变特点选择相应的治疗策略。

3. 危险因素管理

（1）血脂管理：饮食治疗和改善生活方式是血脂异常治疗的基础措施。该类患者应注意低脂饮食。

（2）血压管理：限盐，增加新鲜果蔬，避免过度劳累；血压治疗目标为低于140/90 mmHg，其中，糖尿病患者血压控制目标为130/80 mmHg。

（3）糖尿病患者血糖管理：血糖要达标，HbA1c目标值≤7%。对年龄较大、糖尿病病程较长、存在低血糖高危因素的患者，HbA1c目标应控制在8.0%以内，最好低于7.5%。

（4）体育锻炼：每周至少5天进行30～60分钟中等强度的有氧锻炼，如健步走，以增强心肺功能。

（5）体重管理：通过有计划的锻炼、限制热量摄取和日常运动来控制体重，目标BMI为18.5～24.9 kg/m^2。

（6）戒烟：戒烟和避免被动吸烟。

（7）社会心理因素管理：合并抑郁、焦虑、严重失眠等心理障碍的患者，建议进行心理治疗或药物治疗。

（8）酒精管理：既往不饮酒者，不推荐饮酒；对于有饮酒史的患者，如对酒精无禁忌，建议非妊娠期女性每天饮用酒精不超过15 g（相当于50度白酒30 ml），男性每天不超过25 g（相当于50度白酒50 ml）。

*ALDH2*基因检测的意义

*ALDH2*基因突变者冠心病发病风险高，且代表疾病严重程度的超敏C反应蛋白也相应升高。作者团队的研究证明，对于冠状动脉慢性完全闭塞病变（chronic total occlusion，CTO）患者，*ALDH2*基因与其预后及血管新生有非常密切的关系。*ALDH2*基因突变患者冠心病病变更严重，需要加强心肌保护治疗，而且*ALDH2*基因突变患者对"救命药"硝酸甘油敏感性降低，无效风险增加。*ALDH2*基因检测将成为评估冠心病发病、严重程度及药物疗效的有效指标。

第7节　ALDH2基因与心肌梗死

什么是心肌梗死?

心肌梗死，顾名思义是心肌发生了坏死，其原因主要是由于给心脏供血的血管发生了堵塞。心脏是给全身供血的泵，难道还存在给心脏供血的血管? 如同其他肌肉组织一样，心脏的跳动需要持续不断的氧气及营养的供应。为心脏输送养料的血管通道称作"冠状动脉"，主要有两条，分别称为左冠状动脉和右冠状动脉。无论是哪支冠状动脉，如果被完全堵塞，堵塞冠状动脉所供应的心肌细胞因缺血、缺氧发生坏死，即所谓的"心肌梗死"。

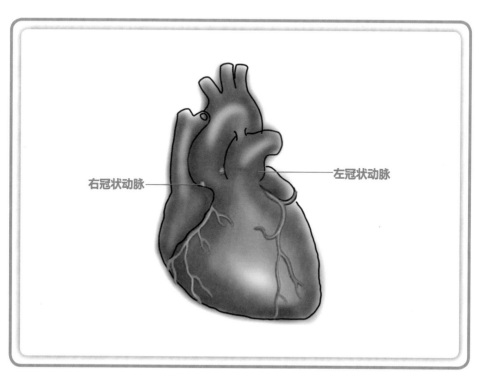

右冠状动脉　　　　　　　　　　　左冠状动脉

冠状动脉示意图

心肌梗死有哪些危害?

心肌梗死是冠心病中最凶险、危害最大的一种类型。据统计,2002—2015年,中国急性心肌梗死总体病死率呈上升趋势。心肌梗死急性期住院病死率在4%左右,死亡多发生在发病后1周内,尤其是数小时内,导致死亡的直接原因是恶性心律失常、急性左心衰竭、心源性休克、心脏破裂等原因。大家所熟知的相声演员侯耀文、马季,著名小品演员高秀敏等都是因为心肌梗死而过世。

渡过急性期的患者部分会发展至心力衰竭、室壁瘤形成、合并心律失常、血栓等,甚至随时有发生猝死的风险,严重影响生活质量。

发生心肌梗死后,梗死区域心肌细胞发生坏死,心脏发生节段性运动异常,梗死区域心肌运动减弱或消失甚至影响瓣膜功能,使心肌收缩功能和舒张

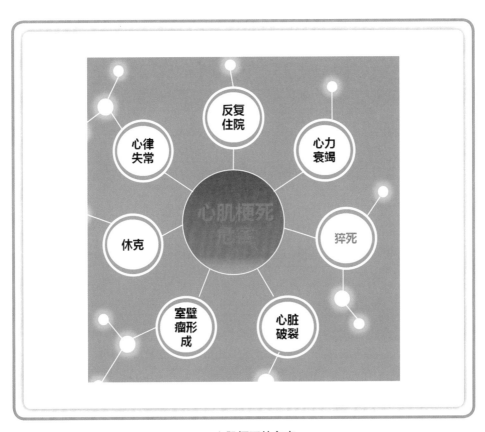

心肌梗死的危害

功能降低；而且心肌的电活动也会发生明显变化，容易导致恶性心律失常。由于心肌是终末分化细胞，没有再生能力，所以不会像皮肤等组织那样再生，而是发生纤维化和形成瘢痕组织。由于纤维化和瘢痕组织形成需要一定的时间，所以在此期间容易发生心脏破裂等恶性事件。经过一段时间的恢复，虽然梗死区域形成瘢痕，但由于瘢痕不像心肌细胞具有收缩能力，因此心脏局部会变薄，甚至室壁瘤形成，容易发生慢性心力衰竭、左心室血栓和心律失常等情况。

发生心肌梗死的原因有哪些？

90%以上的心肌梗死是由于冠状动脉粥样硬化斑块突然破裂、糜烂，血液中的红细胞、白细胞等成分在该部位积聚，形成急性血栓，导致冠状动脉血管长时间完全闭塞，血液中的养分难以到达心肌，该冠状动脉供应的心肌发生缺血、缺氧而坏死。如同在高速公路上发生了交通事故，大量车辆难以通行、长期滞留，造成道路堵塞、交通瘫痪。其他导致心肌梗死的原因较为少见，包

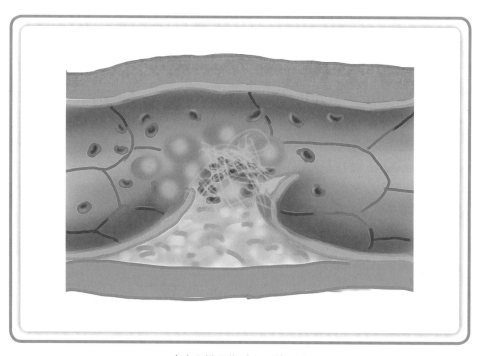

动脉粥样硬化对血运的影响

括冠状动脉栓塞、炎症、痉挛、先天畸形、心肌桥等。所以心肌梗死的罪魁祸首是冠状动脉粥样硬化斑块，导火索是斑块破裂。

斑块为什么会突然破裂呢？

动脉粥样硬化斑块由纤维帽和脂质核心组成，如同饺子由皮（纤维帽）和馅（脂质核心）组成，有的饺子皮薄馅多，容易破裂；有的饺子皮厚馅少，相对稳定。斑块破裂大部分是在相关外因诱发下发作，如体力劳动、激动、寒冷、便秘、暴饮暴食、吸烟、大量饮酒、脱水、休克等，它们或使心脏负荷增加或使血液黏稠度增高等，都会导致斑块突然破裂，增加心肌梗死发生的风险。

生活中经常听说有人费力解便时突然发作胸痛，甚至意识丧失、猝死，因此在医院或者一些机构的卫生间都安装有紧急呼叫按钮。还有一些患者在饮酒后或生气、激动时发生心肌梗死。因此，有冠心病病史或冠心病高危风险的患者应该尽量避免上述情况的出现，有助于降低心肌梗死的发生风险。

心肌梗死可以预测吗？

2004年，由52个国家共同参与的INTERHEART研究再次证明，已知9种传统因素可预测个体未来心肌梗死发病风险的90%，包括高胆固醇、吸烟、糖尿病、高血压、腹型肥胖、缺乏运动、饮食缺少水果蔬菜、精神紧张、大量饮酒。因此，针对这九大因素进行预防，将有助于降低疾病风险，如戒烟、戒酒、减肥、运动等。

ALDH2基因和心肌梗死的发生风险

ALDH2基因型与个体心肌梗死发生风险密切相关。研究发现，与ALDH2基因野生型人群相比，基因突变携带者更易发生心肌梗死。一项日本研究显示，ALDH2基因突变携带者在日本ST段抬高型心肌梗死患者中的比例较野

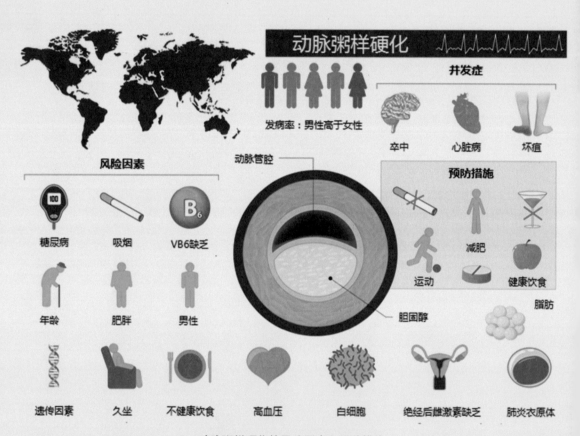

动脉粥样硬化

发病率：男性高于女性

并发症

卒中　　心脏病　　坏疽

风险因素

糖尿病　　吸烟　　VB6缺乏

年龄　　肥胖　　男性

遗传因素　久坐　不健康饮食　高血压　白细胞　绝经后雌激素缺乏　肺炎衣原体

动脉管腔

胆固醇

脂肪

预防措施

减肥

运动　　健康饮食

动脉粥样硬化的风险因素和预防措施

生型高，且容易发生冠状动脉痉挛，同时心肌受损也更为严重。另外一项韩国研究也得出相似的研究结论，对比122名心肌梗死患者和439名正常人后发现，心肌梗死患者中*ALDH2*基因突变携带者比例高于基因野生型人群。此外，还发现*ALDH2*基因突变与HDL-C水平异常、BMI升高均是韩国男性心肌梗死的独立风险因素。在中国人群和韩国人群中进行的多项研究结果显示，与*ALDH2*基因野生型人群相比，基因突变携带者更易发生心肌梗死。

*ALDH2*作为线粒体内参与能量代谢的重要基因，在心血管正常状态的维持中发挥了重要作用，*ALDH2*基因在亚洲人群中的突变率相对较高，其功能异常意味着其导致携带者比普通人有更高的冠心病及心肌梗死的发病风险。因此，基于*ALDH2*基因检测指导冠心病、心肌梗死的防治具有现实有效的意义。

心肌梗死的前兆

心肌梗死是个灾难性事件，在其发生之前是否有一些迹象，若能抓住这些前兆，在心肌梗死发生前就诊则可避免这场灾难。心肌梗死的先兆大部分表现为心绞痛，由于心绞痛症状持续数分钟可自行缓解，不遗留任何不适，所以被大部分患者所忽略而错失早期就诊的机会。

哪些部位、怎样的痛才是心绞痛呢？

典型的症状是心前区压榨性疼痛，但是由于个体差异的存在，心绞痛也可能表现为胸闷、窒息感、重物压胸感、灼痛感等。发作时，还会伴有出汗、恶心、呕吐、心悸以及呼吸困难等症状。

典型的疼痛部位出现在胸骨后或心前区，但也不仅仅局限于此，疼痛可以放射至左肩或双肩、颈部、腹部、喉部、下颌；有些患者很少感觉到疼痛，仅表现为胸闷或不适、乏力，如老年糖尿病患者。

心肌梗死的院前急救方法

1. 正确地及时呼救

"时间就是心肌，时间就是生命"，专家指出，心肌梗死急救一定要牢记2

个120：及时拨打120急救电话；牢牢抓住120分钟黄金救援时间。

2. 平静地等待救援

当患者有冠心病病史时，可以服用硝酸甘油、阿司匹林等药物，但病史不清或情况不明时，最好不要随意服药，让患者平躺、安静，不要刺激，如果条件允许，可以吸氧；如果发生室颤，则可能导致患者猝死，因此也要做好人工呼吸、胸外按压、电除颤准备。

3. 配合医生工作

现实生活中，有些家属出于经济原因或不信任等原因，会不配合医生工作，不肯在手术协议上签字，导致急救时间延误。

急性心肌梗死院内治疗

（1）床旁心电图检查，因胸痛入院后，急诊科或门诊会第一时间行心电图检查。

（2）若考虑急性心肌梗死，则会给予口服阿司匹林、氯吡格雷或替格瑞洛等抗血小板药物。同时，化验肌钙蛋白 I 、心肌酶、凝血等相关指标。

（3）行心电图、血压、血氧饱和度监测，给予吸氧、开通静脉液路等基本治疗。剧烈胸痛患者会给予镇痛剂，如静脉注射吗啡等。

（4）若有急诊 PCI 指征，则医生会与患者及家属沟通是否同意行急诊 PCI 治疗，分析其可能的风险与获益，签署知情同意书。因"时间就是心肌，时间就是生命"，医务人员及患者家属要尽快做出决策。

（5）启动胸痛中心绿色通道，行急诊冠状动脉造影检查，如果发现冠状动脉严重狭窄、血栓负荷重，则依据个体化情况会建议行血栓抽吸、冠状动脉内给药、球囊扩张、支架植入术等治疗。

（6）若患者家属拒绝行急诊 PCI 治疗或就诊医院没有行急诊 PCI 条件且2小时内难以转运至可行急诊 PCI 的医院，可行静脉溶栓治疗，溶栓后不论是否冠状动脉再通，均建议转诊至可以行 PCI 的医院。

（7）急诊治疗后给予基础治疗，包括抗栓、抗心肌缺血、抗动脉硬化、改善心功能、抗心脏重塑等药物治疗，以预防支架内血栓、支架内再狭窄、动脉粥样硬化进展、心力衰竭等情况，继续监测血压、心率等，以尽早发现病情变化及并发症。

（8）患者需要卧床休息至少3天，避免激动、生气、大便费力等。

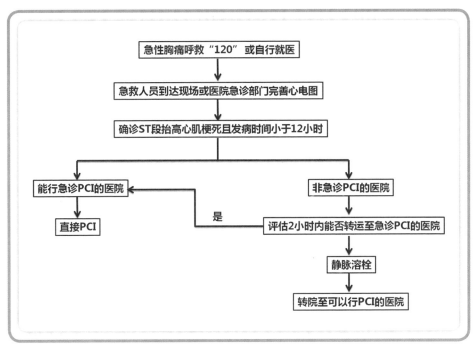

急性心肌梗死急救流程

急性心肌梗死的急救

配合治疗，知情同意

第8节 *ALDH2*基因与心力衰竭

*ALDH2*在心力衰竭过程中的关键作用

心力衰竭简称心衰，是指由于心脏的收缩功能和（或）舒张功能发生障碍，不能将静脉回心血量充分排出心脏，导致静脉系统血液淤积，动脉系统血液灌注不足，从而引起心脏循环障碍症候群。主要表现为呼吸困难、体力活动受限和体液潴留。心力衰竭通俗理解就是心脏功能不好了，人体泵血的器官——心脏出现了功能衰竭，全身各处的组织器官都无法得到充分的血液和养分供应，很快就会因为缺血、缺氧而导致坏死，可以说是分分钟威胁人的生命，不可谓不凶险。

心力衰竭并不是一个独立的疾病，而是心脏疾病发展的终末阶段，几乎是各种心脏结构或功能性疾病的共同归宿。冠心病是心力衰竭最常见的病因，其中心肌梗死后心力衰竭是临床心力衰竭最常见的类型。中国目前心力衰竭患者约1 100万人，且每年新增心力衰竭患者50余万人，70岁以上人群平均每10人就有1名心力衰竭患者。心力衰竭患者平均5年病死率约为50%，甚至高于恶性肿瘤患者。从心血管疾病长期进展的角度来看，大约40%的慢性心力衰竭患者在出院后6个月内再次入院。

如果将心脏看作是一匹任劳任怨、负重前行的老马，那么身体日积月累的各种负荷（超重、高血压、水钠潴留等）都会逐渐减弱老马的步伐，并且透支其体力，加速其衰老。当老马气喘吁吁、无法承担负荷强度时，就出现了常见的心力衰竭症状（呼吸困难、乏力和水肿、心慌、发绀）。经典学说认为，这种情况必须要卸掉老马身上的重担，尽可能地减少各种负荷，在临床上体现为传统的"强心、利尿、扩血管"治疗策略。现在，从能量代谢的供需平衡来看，"老马拉破车"的心力衰竭困局本质就是能量的供不应求。传统心力衰竭治疗强调减少心脏做功需求，但是能量代谢稳态已经受损的心脏会随着疾病进

减轻心力衰竭的治疗策略

展愈加虚弱，衰竭的心脏自身的能量供给依然捉襟见肘。为了解决这个问题，以能量代谢为代表的新型心力衰竭治疗强调恢复老马的活力，让心脏代谢趋于正常，配合传统治疗，在能量供求两侧同时施加影响，完成能量代谢角度上的"开源节流"，最大限度地解决"老马拉破车"问题。

  *ALDH2*基因被证实是一个影响心肌代谢、改善线粒体功能的重要个体遗传因素。*ALDH2*基因高表达对于心肌细胞有保护作用。对于合并症引发的心力衰竭疾病，*ALDH2*基因突变导致酶活性下降可能加重心功能损害，对疾病预后起到消极作用。

ALDH2基因与心力衰竭的关系

从不同疾病类型导致心力衰竭方面进行阐述，证实*ALDH2*基因在心力衰竭过程中起的关键作用。主要包括缺血性心力衰竭、高血压相关性心力衰竭、糖尿病相关心力衰竭和酒精性心力衰竭。

1. *ALDH2*基因与缺血性心力衰竭

缺血性心力衰竭是一种因血液供应不足而引起的心力衰竭，此类患者病情一般较重，预后不理想。事实上，正常人群患上缺血性心力衰竭的概率极低，但对于已患冠心病的人群，罹患此病风险较大。尤其是对于存在病情进展的缺血性冠心病患者，过长时间的缺血会逐渐增加心脏负荷，超过心脏的工作强度，导致心肌细胞不断死亡，最终出现心力衰竭的症状，包括LVEF、B型利尿钠肽、N末端B型利尿钠肽原、6分钟步行试验及纽约心脏病学会心功能分级等在内的心力衰竭指标出现异常。尽管及时入院治疗可以延缓心脏功能恶化，缓解部分心力衰竭症状，但是传统药物治疗心力衰竭的方法并没有突破性进展，无法改善远期生存。

人们发现心肌梗死患者面临严重的心肌缺血，是罹患缺血性心力衰竭的高危人群，而*ALDH2*基因突变是心肌梗死的一个危险因素。有基础研究证实，增加心肌细胞内的ALDH2，可以改善细胞代谢，让细胞充满活力。现有研究证明ALDH2在缺血再灌注损伤中起到心脏保护作用。动物实验也发现，ALDH2高表达的心力衰竭小鼠急性心肌梗死后心肌细胞的凋亡明显减少，心脏功能得到改善。反之，ALDH2低表达的小鼠心肌细胞凋亡增多，心功能恶化。因此，ALDH2表达水平的高低将影响心肌细胞的凋亡和心功能。

另有研究证实，ALDH2高表达可以抑制急性心肌梗死后心脏扩大，减缓心室重构，而后者将直接影响心力衰竭的远期预后。心室重构指各种损伤使心脏原来存在的物质和心脏形态学发生变化，是机体的一种适应性反应，是病变修复和心室整体代偿及继发的病理生理反应过程。作者团队研究发现，缺血损伤可引起心肌梗死后小鼠心脏线粒体ALDH2表达活性下调，从而导致4-HNE的积累，增加的4-HNE通过一系列调控，将线粒体信号传递到细胞质，增加心肌细胞凋亡，从而促进心力衰竭的发展。相反地，上调线粒体ALDH2的表达活性，可以通过降解4-HNE等毒性物质，从而减轻心肌细胞损伤。

因此，*ALDH2*基因在缺血性心力衰竭发展过程中起关键作用，是心肌细胞中毒性物质的"清道夫"，降低心肌细胞凋亡，减缓心室重构改善心脏功能。增强心肌细胞ALDH2的表达或活性有望成为缺血性心力衰竭的治疗策略。

2. *ALDH2*基因与高血压性心力衰竭

心力衰竭的病理生理基础是心脏重塑。人们早就意识到，在负荷增重的刺激下，心脏也会像骨骼肌一样通过增加肌肉组织的质量（体积）来适应工作负荷的增加。心脏的结构性适应不是只有量的增加（心肌肥大），还伴随着质的变化（细胞表型改变）；非心肌细胞（成纤维细胞、平滑肌细胞及内皮细胞等）及细胞外基质（主要是胶原纤维）也发生了深刻变化；由于这三个方面（心肌细胞、非心肌细胞及细胞外基质）是在基因表达改变的基础上所发生的变化，使心脏的结构、代谢和功能都经历了一个模式改建的过程，称为心室重塑。

高血压可以引起一系列病理学心脏重塑，最终引发心力衰竭。高血压心脏重塑的特点是左心室肥厚和间质纤维化，这也是心力衰竭的主要原因。

李女士，今年47岁，在35岁时被初次诊断为高血压，但总认为自己年轻而不以为意，最近活动量大一些就觉得气短，双腿时有水肿。有天晚上下班回家上楼梯时，自觉气短明显，楼梯也上不了，自己急忙呼叫120到医院，医生告诉她，是高血压性心脏病导致慢性心力衰竭急性发作。经过抢救，李女士幸运地脱离了生命危险，她也告诉各位病友一定要注意控制血压，按时服药，等到心力衰竭就迟了。

李女士如此年轻怎么会进展成心力衰竭了呢？

通过与李女士沟通，医生了解到她平时就有高血压，但是因为上班忙，总是忘记吃药。前面章节已经提到了*ALDH2*基因与高血压发病明显相关，密切关注*ALDH2*对高血压引起的心脏功能改变是十分必要的。

高血压引起的心力衰竭与心肌梗死后的心力衰竭有明显差异，主要表现为典型的心脏舒张功能异常。其进展包括心肌肥厚阶段、保留射血分数的心力衰竭阶段及射血分数降低的心力衰竭三个阶段，其中，控制心肌肥厚的进展对于抑制心肌肥厚向心力衰竭发展十分重要。作者团队的研究结果显示，*ALDH2*基因缺失明显加剧横向主动脉缩窄（transverse aortic constriction，TAC）诱发心功能异常。TAC 8周后敲除小鼠的*ALDH2*基因，其心肌细胞损害更为严重，*ALDH2*基因缺失会加重压力诱导的心力衰竭，降低心脏的收缩功能，导致心脏进一步扩大。而ALDH2高表达对于心功能早期和晚期代偿性调节则有显著保护作用。

中国高血压人群中有很大一部分人血压控制并不理想，血压对于心脏的影响则会更加明显，心肌肥厚是高血压引发心力衰竭的最初阶段，*ALDH2*基因在心肌肥厚进展方面发挥重要作用，*ALDH2*基因缺失将加剧高血压引发心力衰竭的发病和进展。建议对于高血压人群进行*ALDH2*基因检测，并给予相应的个性化防治措施。

3. *ALDH2*基因与酒精性心力衰竭

小刘今年32岁，没有得过高血压、冠心病，最近却出现了胸闷气短，住院检查各种症状和结果证实，小刘是发生心力衰竭了。他十分不解，自己这么年轻，怎么会心力衰竭呢？医生详细询问了小刘的工作经历和生活习惯，得知由于工作性质特殊，需要经常喝酒应酬。医生说，他的心力衰竭很可能就是喝出来的。

前面介绍了*ALDH2*基因与饮酒有密切相关。长期酒精摄入或酗酒可以诱发扩张型心肌病、酒精性心脏病、心肌肥大、心肌收缩功能障碍、纤维化等。

尽管*ALDH2*基因野生型影响个体的饮酒行为，使得该基因型人群更容易嗜酒，而*ALDH2*基因突变型本身是酒精性心脏病的一个保护因素。

在酒精介导的心肌病中，ALDH2的高活性对于心肌肥大和心肌收缩功能障碍具有保护作用。在中国人群的一项社区调查中，统计了台湾北部沿海社区1 577例居民（40～74岁）的身高、体重、年龄、性别、腰围、臀围、血压、超声心动图、饮酒习惯、*ALDH2*基因型等，目的是研究*ALDH2*基因、生活方式和临床危险因素三者的潜在相关性，结果显示，高频饮酒个体左心室扩大、舒张功能受损、整体纵向应变降低、心脏收缩下降、心脏早期舒张期应变率下降。如果是*ALDH2*基因突变携带者，且合并高频饮酒，该类型人群整体收缩峰值应变率和舒张早期峰值应变率均更差。在东亚人群中，增加饮酒将明显导致心功能异常，这点在*ALDH2*基因突变携带者尤为明显。

在酒精摄入前，需确认个体*ALDH2*基因型。*ALDH2*基因突变携带者即使少量饮酒，酒精带来的危害也不容忽视。

4. *ALDH2*基因与糖尿病相关心力衰竭

糖尿病相关心力衰竭是一种发生于糖尿病患者，不能用高血压性心脏病、冠状动脉粥样硬化性心脏病及其他心脏病变来解释的心肌疾病。HbA1c每升高1%，心力衰竭的风险增加8%。血糖每升高1 mmol/L，心力衰竭住院和心血管死亡的复合终点相对风险增加9%。

糖尿病心肌病即由糖尿病引起的心脏微血管病变、心肌代谢紊乱和心肌纤维化等所致的心肌结构异常。在糖尿病患者群体中，相关的心肌病十分常见，尤以老年糖尿病人群为甚。Framingham在心脏研究中发现，同龄男性糖尿病患者发生心力衰竭的风险是非糖尿病患者的2倍，而同龄女性糖尿病患者发生心力衰竭的风险是非糖尿病患者的5倍。糖尿病心肌病发生具有一定的隐匿性，疾病发生发展时间较长，最终可进展为心力衰竭。因此，糖尿病心肌病的控制和治疗对于心力衰竭具有十分重要的意义。

现有的研究对于ALDH2与糖尿病心肌病的相关性及因果关系的阐述越来越明确。在细胞模型研究中，抑制心肌细胞的ALDH2活性，构建高血糖体系，结果显示高血糖组ALDH2活性抑制增加了4-HNE等毒性物质累积，证明ALDH2活性在预防高糖诱导的细胞损伤中起重要作用。

如果糖尿病病程已经很长且ALDH2低活性，将进一步加重心肌纤维化。提高ALDH2活性可以明显减轻心肌结构和功能改变，而ALDH2活性降低则与糖尿病心肌损伤明显相关。作者团队发现，ALDH2在糖尿病心功能不全的发生和发展中起重要调控作用。*ALDH2*基因缺失显著加重了糖尿病诱导的心脏舒张功能不全，其作用机制与以下两点有关：① ALDH2可以清除毒性物质4-HNE，发挥心脏保护作用；② ALDH2通过改善能量代谢储备、调控LKB1-AMPK代谢通路，影响糖脂代谢谱参

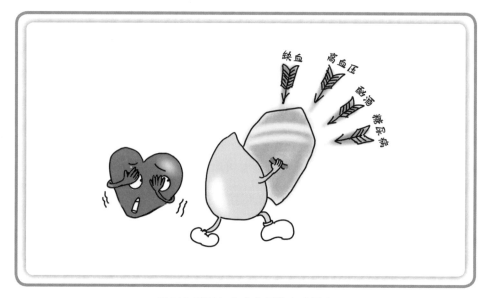

ALDH2基因与心力衰竭的危险因素

与糖尿病心脏重塑过程。

心力衰竭的治疗原则

心力衰竭是心血管疾病最后的堡垒，是各种心脏疾病的严重表现或晚期阶段，病死率和再住院率居高不下。根据心力衰竭发生的时间、速度分为急性心力衰竭和慢性心力衰竭。多数慢性心力衰竭患者在某些诱因条件下发作急性心力衰竭，危及生命；急性心力衰竭经药物治疗改善后可转为慢性心力衰竭。

1.慢性心力衰竭的治疗策略

治疗目标：改善症状、提高生活质量、预防或逆转心脏重塑、减少再住院率。

1）一般治疗

（1）针对原发病治疗，去除诱因：控制血压、血糖、血脂，避免过度劳累、激动、生气，避免感染、过度输液等诱因。

（2）调整生活方式：清淡饮食，营养均衡，戒烟限酒，适当运动。建议有条件的患者每天自测体重、血压、心率并及时随访。

2）药物治疗

（1）利尿剂：恰当地使用利尿剂可以改善心力衰竭患者的呼吸困难、水肿的症状，提高运动耐量，是心力衰竭药物取得成功的关键和基础。常用的利尿剂包括呋塞米、托拉塞米、布美他尼、托伐普坦、氢氯噻嗪等。

（2）预防或逆转心脏重塑的药物：合理使用抗心脏重塑的药物是心力衰竭治疗的根本，ACEI/ARB、β受体阻滞剂、醛固酮受体拮抗剂构成心力衰竭治疗的金三角。近年来，沙库巴曲缬沙坦（诺欣妥）在抗心脏重塑、治疗心力衰竭方面也获得越来越多的证据。

（3）伊伐布雷定：部分心力衰竭患者有伊伐布雷定使用指征时可加用，以改善左心室功能、提高生活质量、降低心血管死亡和心力衰竭再住院的风险。

（4）洋地黄类：应用上述药物后仍持续有心力衰竭症状、射血分数降低的患者，可考虑加用洋地黄类药物。

（5）其他药物治疗：包括中医中药、曲美他嗪、硝酸酯类药物等。

3）器械治疗及心脏移植

部分严重心力衰竭患者，依据病情可能需要行起搏器植入、植入式心律转复除颤仪和左心室辅助装置等治疗。难治性终末期心力衰竭可行心脏移植。

2. 急性心力衰竭的治疗策略

（1）立即吸氧，采取端坐位腿下垂，尽早呼叫救护车送往医院。

（2）等待期间测定血压、心率，安抚患者情绪。

（3）有医疗条件后进行面罩或鼻导管吸氧，静脉用药包括襻利尿剂、强心剂、吗啡等。

（4）根据患者的收缩压和肺淤血情况选择血管活性药物类型。对于收缩压＞90 mmHg或者伴有高血压的心力衰竭患者，给予血管扩张剂，包括硝酸酯类、硝普钠、重组人脑利钠肽等；对于急性心力衰竭症状严重、血压持续降低（＜90 mmHg）甚至心源性休克者，应监测血流动力学，给予多巴胺、多巴酚丁胺、去甲肾上腺素、米力农、左西孟旦等强心、升压，必要时采用主动脉内气囊反搏术、机械通气支持、血液透析、心室机械辅助装置、体外膜肺氧合装置以及外科手术等各种非药物治疗方法。

第**3**章

ALDH2 基因：心血管疾病治疗的指挥棒

第 1 节 *ALDH2*基因与侧支循环

ALDH2 基因与冠状动脉侧支循环

冠状动脉侧支循环形成是指冠状动脉严重狭窄后出现新生血管形成或生理状态下闭塞的血管重新开放，它是慢性或反复心肌缺血继发的一种代偿机制，可以在一定程度上增加冠状动脉血流储备，缩小急性心肌梗死的面积，降低急性冠状动脉事件后的病死率，对冠状动脉狭窄患者有着重要的功能和预后价值。血管内皮细胞分泌的多种生长因子，如成纤维生长因子、血管内皮生长因子、胰岛素样生长因子等，在侧支循环的形成过程中发挥重要作用。这就像是铁道系统运营方式，比如，从上海到北京的京沪高铁出现故障，可以选择上海–郑州–北京、上海–南京–北京、上海–济南–北京等线路，这些换乘线路就是心脏的侧支循环，如果主要交通线路（供应心肌的三支大血管）由于各种原因出现闭塞，这时各式的换乘路线显得尤其重要，它们是能到达目的地（给心肌提供养分）的重要保障。

主要交通线路出现闭塞，最严重的情况就是完全闭塞，而且时间很长，不能自行开通。就像是洪水肆虐的季节，某个铁路线路的中间一段被淹没，导致经过该线路的高铁动车等都无法正常运行。这种现象在医学上有个专业名称，那就是冠状动脉慢性完全闭塞病变（CTO）。顾名思义，CTO是指在冠状动脉粥样硬化的病理基础上，管腔内出现机化及血栓形成导致完全闭塞，TIMI血流为0级（闭塞段没有血流），且病程在3个月以上（所谓"慢性"）。冠状动脉造影检查可以发现病变的血管狭窄程度近乎100%。这类病变技术难度大、术后再闭塞和再狭窄发生率高，被认为是目前冠状动脉介入领域的最大障碍和挑战（"最后的堡垒"），不仅病变复杂、严重，而且并不少见。有研究发现，在所有做冠状动脉造影的患者中，平均每10人中就有1～2名CTO患者。长期的血管完全阻塞容易造成心肌缺血、缺氧，出现心肌病变，导致泵血功能下降，严重影响患者的健康。

CTO患者的治疗策略

对于CTO患者，治疗策略主要有两种，分别是PCI和CABG，这就好比是重新开通淹没的铁路路段或重新建一条路段来保证线路畅通。实际上，无论是哪种方式，手术难度都非常大，且很容易出现手术并发症。在中国，由于地域差异，冠状动脉介入技术发展水平不均衡、新型器械普及度不高等客观因素，一定程度上阻碍了CTO患者PCI治疗的规范化进程。因此，在2005年，葛均波院士成立了中国冠状动脉慢性闭塞病变介入治疗俱乐部（Chronic Total Occlusion Club，China，CTOCC），在结合中国临床实践并复习该领域相关资料和研究进展的基础上，起草了《中国冠状动脉慢性完全闭塞病变介入治疗推荐路径》，推动CTO的规范化治疗。

CTO患者非常依赖心脏的侧支循环，侧支循环良好的患者更少出现心绞痛症状、更不易发生心肌梗死、发生心力衰竭的风险更小，病死率也更低；当冠状动脉管腔完全闭塞、侧支循环不丰富时，可引起心肌的缺血缺氧，引起胸闷、胸痛等临床症状。其中，胸痛的严重程度主要与以下几个因素有关：缺血的持续时间、侧支循环的形成、既往透壁性心肌梗死（心脏全层的心肌梗死）等。因此，良好的侧支循环对改善CTO冠心病患者的预后有着重要的临床意义。也就是说，当京沪高铁出现故障时，周边的换乘路线是顺利到达目的地（心肌得到养分）的重要保障。

临床上对于侧支循环的好坏通常采用Rentrop分级标准进行评估。0级：无可见侧支循环；1级：分支血管显影，而心外膜冠状动脉未见明显充盈；2级：心外膜冠状动脉部分显影；3级：心外膜冠状动脉完全充盈。Rentrop分级评估为0、1级者为侧支循环不良者，而2、3级者为侧支循环良好者。

同样是CTO病变，但不同患者之间侧支循环的差异很大。那么侧支循环的好坏是由什么因素决定的呢？研究发现，肾功能下降、吸烟、糖尿病、高尿酸血以及高脂蛋白a［LP（a）脂蛋白的一种］水平是CTO患者侧支循环不良的重要危险因素。动物（猪）研究发现，有氧训练有利于促进慢性冠状动脉狭窄猪的侧支循环生成和心肌血流量增加，对心肌有积极的保护作用。此外，作者研究团队的基础研究发现，侧支循环的好坏和*ALDH2*基因型有很大的关系。具体来说，比较分析了*ALDH2*基因敲除（KO型，敲除型）和不敲除（野生型）的微血管内皮细胞（新生血管最主要的细胞，存在于血管最内侧壁，具有形成新生血管的潜力）的血管形成能力，结果发现*ALDH2*基因敲除型微血管内皮细胞成管能力明显下降，说明*ALDH2*基因有利于血管的形成。进一步在一侧下肢缺血的动物（小鼠）模型上进行验证，发现*ALDH2*基因敲除型小鼠缺血区域新生血管数量少，血流灌注少，而*ALDH2*基因野生型则反之。更有趣的是，作者团队在人群中也验证了这个结论：共入选了153名CTO患者，其中在*ALDH2*基因野生型患者中，侧支循环不良者占38.5%；在突变杂合型患者中，侧支循环不良者占44.4%；在突变纯合型患者中，侧支循环不良者占71.4%。也就是说，与基因野生型和突变杂合型相比，突变纯合型侧支循环形成差。因此，通过细胞、动物、临床三个层面的研究发现，*ALDH2*基因型对CTO的侧支循环形成有显著影响，基因野生型侧支循环不良的比例最低，杂合型其次，纯合型最高。也就是说，*ALDH2*基因突变是CTO患者侧支循环不良的独立危险因素。同样是CTO患者，*ALDH2*基因突变型患者应该采取更加积极的血运重建治疗策略。

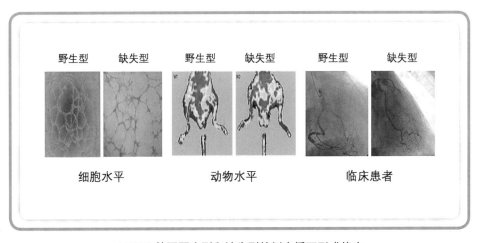

*ALDH2*基因野生型和缺失型的侧支循环形成能力

第 2 节　ALDH2基因与硝酸甘油治疗

说到硝酸甘油，相信没几个人会说自己一点也没有听说过。很多上了年纪的人，即使没有心脏疾病，都会特意到医院去配硝酸甘油以作备用，家里放一瓶，办公室放一瓶，包里还要放一瓶。大街上突发不舒服了，往往就会有好心的路人不管三七二十一递上一瓶硝酸甘油"以解燃眉之急"。特别是要出远门旅游的老人，甚至是年轻人，都会觉得口袋里揣着硝酸甘油那就是揣着保险、揣着放心。作为一个被普遍认同的心脏"救命药"，硝酸甘油几乎可以说是家喻户晓。

硝酸甘油

硝酸甘油的来历

硝酸甘油具有非常悠久的历史，可以追溯到百年以前。1847年，意大利化学家索布雷罗发现，用硝酸和硫酸处理甘油，可以得到一种黄色的油状透明液

98

体，这种液体很容易因震动而发生爆炸，它就是著名的"硝酸甘油"——火药的重要成分之一硝石（化学名称硝酸钾）的孪生兄弟。意大利化学家索布雷罗发明了硝酸甘油，而闻名退迩的诺贝尔先生则成就了硝酸甘油，由于诺贝尔先生对硝酸甘油引爆和安全生产做出的重大改进并申请了专利，才使其能在全世界范围内安全地生产、运输和使用，诺贝尔先生也因此获得了巨大的财富，创立了沿用至今的诺贝尔奖。在硝酸甘油开始大规模投入生产之后，人们又渐渐发现了一个奇怪的现象：很多在工厂工作的一线生产工人在接触硝酸甘油或者吸入含有硝酸甘油粉尘之后会发生不同程度的头痛，威廉·穆乐尔医生发现这种头痛可能与硝酸甘油的扩张血管作用有关。硝酸甘油既然可以扩张脑血管引起头痛，那么它是不是也同时可以扩张心脏的冠状动脉来缓解心绞痛症状呢？1878年，穆乐尔医生做了这方面的尝试。他给一位64岁的反复发作心绞痛的老年患者每天口服3次稀释后的硝酸甘油溶剂，结果神奇般地发现这位老人的胸痛次数明显减少。随后，他将这种治疗方法试用于更多的患者身上，都取得了很好的治疗效果。1879年，穆乐尔在著名的科学杂志《柳叶刀》上发表了他的这一研究成果，促使硝酸甘油作为治疗心绞痛的药物在临床得到推广，而诺贝尔先生本人也在他晚年时频繁使用硝酸甘油来缓解他严重的心绞痛症状。

现如今，随着军事科技的发展，硝酸甘油早已退出了军事的舞台，却成为当今医学临床应用最广泛的药物之一。硝酸甘油是硝酸酯类扩张血管药物的基础药物，由于硝酸甘油可扩张容量血管及阻力血管、选择性扩张心外膜层血管及狭窄的冠状血管以及侧支血管，因此在临床上，硝酸甘油被广泛应用于治疗慢性心功能不全、心肌梗死、心绞痛及高血压等多种疾病与危象，是治疗心绞痛急性发作的经典治疗药物之一。

硝酸甘油的主要药理作用是松弛血管平滑肌，硝酸甘油释放NO，NO与内皮舒张因子相同，可以激活鸟苷酸环化酶，使平滑肌和其他组织内的环鸟苷酸（cyclin guanylic acid，cGMP）增多，从而导致肌球蛋白轻链去磷酸化，调节平滑肌收缩状态，起到血管扩张的作用。在急性心绞痛发作时，口服硝酸甘油片剂的时候一定要注意，应该将硝酸甘油含于舌下，而不是放在舌面上。因为舌下有非常丰富的毛细血管，可以很快地吸收硝酸甘油进入血液，从而发挥它扩张血管的药效，这也是缓解心绞痛急性发作的最佳给药方式。硝酸甘油起

颈部、下颌痛　　上自牙齿　左肩痛　前胸痛

胸骨痛　左臂痛

上腹痛　下至肚脐

心绞痛的常发部位

效非常快，舌下含服硝酸甘油，往往2～3分钟就可以起效、5分钟就能达到最大效应，它的作用持续时间不长，可持续10～30分钟，半衰期为1～4分钟。服用硝酸甘油一定要注意，单次服用剂量不可过大，因为硝酸甘油可以扩张血管，也就是会降低血压，一次服用过大剂量的硝酸甘油，就很可能会使血压过度降低，从而反射性地引发交感神经兴奋，出现心率加快、心肌收缩力增强，这反而会使心肌的耗氧量增加，诱发或加剧心绞痛发作；更有甚者，可能会因血压过度降低而引发晕厥。因此，一般服用硝酸甘油宜从小剂量半片到一片开始含服，如果不见效，那么隔5分钟可以再含服1片，直至疼痛缓解。如果仍然不见效，15分钟内总量已经达到了3片，可能就需要立即到医院去进一步诊治。

虽然硝酸甘油可以有效缓解心绞痛，往往可以"救命"，却也不是人人都可以服用硝酸甘油的。一般硝酸甘油禁用于心肌梗死早期（有严重低血压及心动过速时）、严重贫血、青光眼、颅内压增高和已知对硝酸甘油过敏的患者，还禁用于使用枸橼酸西地那非（万艾可）的患者，后者增强硝酸甘油的降压作用。

神奇的"救命药"为什么不灵了？

近几十年来，随着硝酸甘油在临床上的大规模普遍使用，人们渐渐发现了一个奇怪的现象，神奇的"救命药"有时候却对某些人效果不太灵光，要么起效特别慢，要么索性就没多大缓解心绞痛的作用。在做冠状动脉造影的时候，往冠状动脉内注射硝酸甘油，人们发现有的患者冠状动脉会立即变粗，血流加速；而有些患者的冠状动脉直径却在硝酸甘油注射前后变化不大。这究竟又是怎么一回事呢？

硝酸甘油并非对所有心绞痛患者均发挥缓解作用。硝酸甘油在人体内的代谢存在着多种生物转化机制。2002年，Chen等报道了线粒体ALDH2在硝酸甘油生物活化中起着重要的作用，对ALDH2的抑制与硝酸甘油耐药有关。此后，研究者们开始纷纷将视线转移到了ALDH2这个曾经一度被用来研究与酒精代谢有关的酶上。它不仅在酒精代谢中发挥脱氢酶的作用，而且还具有酯酶的活性。硝酸甘油需先在体内经ALDH2生物转化，然后才能释放出有药理活性的NO，发挥内皮细胞依赖性血管舒张作用。*ALDH2*基因存在基因多态性，如前所述，携带突变型*ALDH2*基因型的人，饮酒后会发生明显的脸红，同时多项研究证实，喝酒容易脸红的人往往对硝酸甘油的反应性也会差。ALDH2*1代谢硝酸甘油的能力是ALDH2*2的10倍，从而对硝酸甘油扩张血管、缓解心绞痛的能力造成显著的影响。在服用硝酸甘油后，ALDH2功能正常者心排血量显著增加，血管阻力明显下降；而*ALDH2*基因突变者则并不明显，这进一步证实*ALDH2*基因突变者对硝酸甘油不敏感。总之，突变患者对"救命药"硝酸甘油的敏感性降低，无效风险增加。很多科学家和临床医生都提出，应该根据*ALDH2*基因型来为患者的临床用药提供指导。

饮酒脸红者对硝酸甘油不敏感

ALDH2基因检测的意义

为什么张三喝一斤白酒都没事，而李四只喝了半瓶啤酒就跟火烧了一样，又是满脸通红，又是头晕心跳？这绝对不是李四不给张三面子，而是李四实在力不从心。同样的危险因素，可能是不同的健康结局；同样的药物，却可能是不同的疗效。到底是什么导致了这种差异？答案就是"个体差异"。形成"个体差异"的原因有先天遗传性和后天获得性，这之间错综复杂，互相关联。后天获得性与生活环境、生活习性、合并疾病有关，先天遗传性则更多的是和每个人与生俱来的基因型有关了。现今市面上早已出现了多种多样的基因检测方式，而*ALDH2*基因型检测也已经在临床上常规使用了，而且还是国家的医保报销项目，很多医院都可以常规开展。目前*ALDH2*基因检测已成为评估硝酸甘油疗效的可靠指标。

第3节 ALDH2基因与干细胞治疗

　　人生一世草木一春，曼妙朱颜和健康体魄是人类的永恒追求。历代帝王礼聘天下方士，遍寻"长生不老药"；民间百姓研习炼丹修仙，以求"成仙治百病"。其实古人们并不知道，金属铅超标的丹药不但不治病反而致病，而妄求修习"上古神术"飞升仙班更是与妄谈无异。若始皇帝能预知2 200年后的现代科学，他就不会遣徐福携三千童男女远赴东洋，而是应该命令他于咸阳就地建立实验室，研究干细胞……

是否可以利用干细胞来治疗心血管疾病呢？

　　干细胞（stem cell）指机体内具有多种分化潜能的原始细胞，通俗地讲就是理论上可以在人体内"缺啥补啥"的多面手。因此，干细胞在医学上的应用一直是医学界的研究热点。心血管疾病已经超越癌症成为世界范围内的首要致

死病因，而传统学术观点认为心肌细胞坏死后不能再生，所以干细胞移植一度成为心血管疾病治疗领域有非常好前景的项目。

目前在该领域，世界各地的科学家们从不同的研究角度进行了大量的科学探索，获得了很多珍贵的研究结果。用于治疗的细胞种类多样，从来源上讲，包括骨髓、脂肪、脐带和外周血中均发现有可供治疗所用的细胞亚群；而从细胞定义上讲，干细胞又分为间充质干/祖细胞和诱导多能干细胞。

骨髓来源的ALDH活性细胞是具有良好治疗潜力的干细胞

一类具有良好心肌修复潜力的细胞亚群，名为乙醛脱氢酶活性细胞（ALDHbr细胞）。以往这类细胞被证实能有效促进慢性心肌缺血和严重下肢缺血患者的血流修复，被美国心脏协会年会誉为未来的"明星干细胞"。

为什么骨髓来源的ALDHbr细胞移植有良好的治疗效果？

骨髓的内膜区域属于低氧压环境，因此来源于此处的ALHDbr细胞长期处于低氧环境，这种低氧环境促使它们形成了无氧代谢模式，即糖酵解依赖的代谢模式。这种代谢模式使它们维持更高的"干性"并且赋予它们自我更新和分化潜能。简言之，ALHDbr细胞为了适应低氧环境启动了无氧代谢模式，从而有了自我更新和分化的能力。

ALDH2是开启自我更新和分化潜能的关键调控因子

作者团队从离体水平模拟了干细胞移植后的缺血缺氧环境，体外缺氧刺激ALDHbr细胞后，对ALDHbr细胞血管新生基因表达谱进行分析，筛选出维持ALDHbr缺血移植优势的关键调控因子：ALDH2。不同于ALDHbr细胞中的ALDH1，此ALHD2是位于线粒体中的ALDH，即前述的"脸红基因"。

移植缺失ALDH2的骨髓来源的ALDHbr细胞会发生什么？作者团队分别移植了正常和*ALDH2*基因缺失小鼠骨髓来源的ALDHbr细胞到缺血小鼠下肢，结果发现*ALDH2*基因缺失之后，ALDHbr细胞缺血移植后的细胞病死率显著增加，缺血下肢的坏死程度加重，血管新生能力显著下降，最终导致ALDHbr

细胞的缺血修复能力完全丧失。与此同时，*ALDH2*缺失会导致ALDHbr的代谢紊乱，糖酵解和线粒体呼吸能力都显著降低，并且活性氧的产生大量增加。因此，得出这样的结论：*ALDH2*使ALDHbr细胞维持能够适应缺氧环境的特殊代谢模式；一旦*ALDH2*缺失，ALDHbr的代谢紊乱，并产生大量的副产物活性氧，后者加速细胞的衰老与凋亡，最终损坏了ALDHbr细胞的血流修复潜能。

作者团队还收集了不同*ALDH2*基因型的人源ALDHbr细胞，并对移植效果进行了评估。将它们分别移植到免疫缺陷小鼠的缺血下肢，即移植来自*ALDH2*缺失型患者（GA或AA基因型，即纯合或杂合基因型）的ALDHbr细胞后，血流恢复效果要显著差于野生型（GG基因型）患者。可见ALDH2对维持ALDHbr细胞移植疗效发挥了重要的作用。

说完了细胞移植的"种子"因素，再来谈一谈细胞移植后的"环境"因素。众所周知，缺血的心肌如同断水的荒漠，处于养分极度匮乏且毒性成分不断累积的恶劣环境。此等荒漠，不但影响周围心脏细胞的正常功能，而且也对后续的治疗产生影响。试想，沙漠不除，栽种再多的树苗无异于竹篮打水。如此缺乏养分、又蓄积毒物的恶劣环境，外来的细胞怎么能习惯呢？于是辛苦移植而来的细胞大量死亡，少部分细胞纵使存活也功能不佳，最终导致干细胞治疗的疗效受到极大的抑制。要想让移植的"干细胞"存活，就需要调整其生长的"环境"。在作者团队的研究中发现，ALDH2对缺血肌肉组织的微环境具有重要的调控作用。

首先，ALDH2促进营养通道的构建。毛细血管网的建立是组织修复再生的核心步骤，通过这个管道机体可以把养分和功能细胞运输至受损区域，而ALDH2直接调控的就是这个连接灾区的"生命通道"。*ALDH2*的缺乏会限制局部微血管新生，抑制内皮细胞的成管与出芽，从而降低缺血区域的毛细血管密度。通道被阻，养分无法送抵，缺血区域内的细胞会不断被饿死，而它们死后的碎片和废物就会蓄积并对尚存的细胞产生严重的氧化应激作用，进一步放大损伤。

其次，ALDH2清除毒性代谢产物，变贫瘠土地为肥田沃土。缺血坏死的心肌组织局部有大量的死亡细胞碎片及毒性代谢产物如活性氧、4-HNE等。

已有大量研究显示在活性氧介导的氧化应激损伤中，会产生包括4-HNE在内的多种毒性物质。而ALDH2正是4-HNE代谢的关键酶，它催化4-HNE的脱毒作用，使其毒性降低，从而保护细胞膜免于受损。作者团队的研究从广发遗传突变的角度，至少部分解释了为何国际干细胞治疗的阳性结果多报道于西方国家；而亚洲，尤其是东亚地区的干细胞临床研究结果大多疗效不甚满意的原因。

既然ALDH2对干细胞治疗如此重要，那么对于已经携带ALDH2基因突变的心肌缺血患者，是不是就无能为力了呢？并不是！目前有两种解决方式：一方面实现异体移植，即将野生型人源骨髓ALDHbr细胞移植到携带ALDH2基因突变的患者体内，但是此异体移植所面临的免疫排斥反应是其临床应用的最大障碍；另一方面通过外源干预增强细胞内的ALDH2活性，比如增强ALDH2的功能。目前已有ALDH2的小分子激活剂Alda-1，通过Alda-1刺激激活ALDH2的酶活性再进行缺血移植。但是上述方法也面临一些局限性，Alda-1作为外源小分子，尚不能完全恢复ALDH2的功能，其有效工作浓度、半衰期、刺激的持续时间和不良反应仍待进一步研究。

相信在不久的将来，通过科学家的不懈努力，一定能够找到可以改善ALDH2活性的有效手段，从而让ALHD2基因突变人群也能享受到细胞治疗带来的福音！

第4节 ALDH2参与心脏保护的机制

前文阐述了 *ALDH2* 的心脏保护作用，以及 *ALDH2* 对于亚洲人群心血管疾病防治的积极诊疗意义，那么 *ALDH2* 究竟是如何保护心脏的？俗话说，知己知彼，百战不殆。掌握 *ALDH2* 保护心脏背后的机制，才能有的放矢进行心血管疾病的诊疗，获得理想的疗效。

ALDH2 与酒精导致的心肌损伤

首先，看一下 *ALDH2* 具体是如何通过调控酒精代谢缓解心肌损伤的。长期大量饮酒之所以会对心肌细胞造成明显损害，其代谢产物乙醛当为罪魁祸首，该类损伤的典型病理表现为心肌细胞肥厚和收缩功能障碍。具体机制为乙醛损害心肌的收缩偶联，抑制内质网 Ca^{2+} 释放；Ca^{2+} 作用是把兴奋的电信号转化成收缩的机械活动，发挥了极为重要的中介作用，抑制 Ca^{2+} 释放抑制收缩活动。

那么 *ALDH2* 是如何对抗乙醛相关的心肌不良作用呢？当心肌细胞高表达线粒体ALDH2时，细胞内的乙醛会由于ALDH2的解毒作用而无法产生活性氧，心肌的凋亡率也会大幅降低。在具体机制环节，已有动物实验证明，长期大量饮酒会导致心肌肥厚、收缩障碍；而如果将 *ALDH2* 基因转入小鼠胚胎细胞内，其成年小鼠体内ALDH2呈现高表达状态，此类小鼠对长期大量饮酒则表现出很好的耐受性，心肌损害明显轻于 *ALDH2* 基因正常的小鼠。除此之外，长期大量饮酒所导致的心肌受损表现也与心肌细胞胰岛素抵抗、糖耐量降低、心肌糖摄取减少等糖代谢紊乱事件有关；而过表达 *ALDH2* 基因可以显著减轻酒精所引起的心肌细胞胰岛素抵抗。需要指出的是，虽然长期大量饮酒可以导致心脏功能障碍甚至出现酒精性心肌病；但大量研究发现，小量饮酒则可对心脏产生保护作用。这是因为小量饮酒可提高细胞线粒体内ALDH2的活性，增加体内的HDL-C水平，改善心肌的能量代谢；而大量饮酒则使ALDH2的酶活性受到抑制。但如果敲除小鼠体内的*ALDH2*基因，即使是少量饮酒也可对心肌细胞产生明显的损伤作用，这表现在心肌细胞程序性凋亡及坏死性凋亡增加，进一步证明*ALDH2*在保护心肌细胞免受酒精损伤中的重要作用。

因此，*ALDH2*保护心肌的机制需要根据酒精饮用量与ALDH2活性水平的不同组合方式，进行具体问题具体分析。总体来看，若是个体存在*ALDH2*突变型基因导致酶的催化活性失活或存在病理因素所致ALDH2活性降低，则需要谨慎饮酒以避免损害心脏的健康。

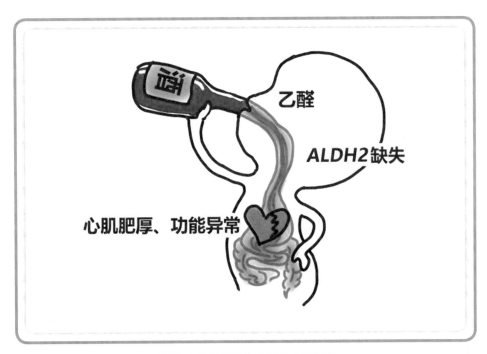

饮酒对*ALDH2*缺失人群的心脏损害

ALDH2 与心肌缺血再灌注损伤

心肌缺血可造成心肌细胞功能受损甚至是缺血坏死。而当改善心肌缺血灌注，心肌组织得到足够的血液时，心肌缺血所造成的损伤进一步加重，称为缺血再灌注损伤。这种缺血再灌注损伤涉及多种分子机制——其中再灌注时诱发线粒体产生大量活性氧是引发损伤的"祸源"，而这正是ALDH2缓解心肌缺血再灌注损伤的靶点。

活性氧对心肌损伤的危害很大，能够与生物膜内的不饱和脂肪酸相互作用，产生一种名叫4-羟壬烯醛（4-HNE）的物质。4-HNE可与半胱氨酸、组氨酸、赖氨酸残基结合形成蛋白桎梏，抑制钠钾ATP酶等活性，增加线粒体通透性。在生理情况下，线粒体通透性转换孔道处于关闭状态，线粒体内膜仅对某些代谢底物和离子有选择性通透；当线粒体通透性转换孔道广泛开放时，细胞内环境稳态破坏，很快耗竭ATP，降解酶如蛋白酶、核酸酶、磷脂酶活性增强。线粒体通透性转换孔道少量开放时会引起细胞凋亡，大量开放则导致细胞的坏死，这可能也是导致再灌注心肌损伤的原因。而过表达ALDH2则加速4-HNE的代谢，减轻缺血再灌注对心肌细胞的损伤。有研究显示，给予心肌细胞Alda-1——一种ALDH2兴奋剂，对心肌细胞缺血再灌注损伤也呈现保护作用，其机制是与细胞内ALDH2结合增加其酶活性，加速细胞内醛类的代谢。

减轻心脏缺血再灌注损伤的一个重要方法就是"预处理"，如常用的缺血预处理，增加心脏对缺血再灌注恢复血流的抗损伤能力。在对缺血预处理心肌

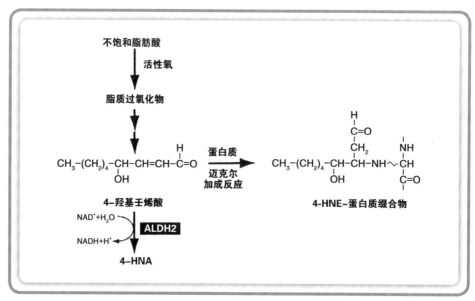

活性氧氧化不饱和脂肪酸，产生4-HNE，4-HNE与蛋白质结合，形成蛋白桎梏，ALDH2将4-HNE脱氢为4-HNA

保护机制研究中发现，缺血预处理时，心肌细胞内的ALDH2被活化，与再灌注后心肌梗死面积呈负相关。缺血预处理时，心肌细胞局部肥大细胞内的腺苷受体激活，随后介导蛋白激酶Cepsilon（PKCε）激活线粒体上的ALDH2，活化的ALDH2抑制肥大细胞释放肾素，从而抑制心肌细胞局部肾素血管紧张素系统激活，对心肌细胞产生保护作用。在心肌梗死动物模型中，同样是结扎冠状动脉前降支，对于 *ALDH2* 基因野生型的小鼠，乙醛预处理后，小鼠体内的ALDH2活性增加，心肌梗死面积明显减少；而对于 *ALDH2* 基因突变纯合型小鼠，乙醛预处理，则增加心肌梗死面积，加剧缺血再灌注损伤。

ALDH2 参与压力负荷损伤

心肌肥厚是指在压力超负荷（如高血压）或容量超负荷的长期作用下引起的心脏肥厚性改变。心肌肥厚分为早期代偿性肥厚与晚期失代偿性肥厚。早期主要通过既存心肌细胞的肥大发生代偿性肥厚，以克服增高的后负荷，保证正常的射血功能，此时的肥厚是一种心肌的自我保护；而晚期肥厚不足以弥补心肌负荷的缺口，最终发展为心力衰竭，该病理过程涉及多种因素，包括基因表达的改变、神经内分泌的影响、能量代谢障碍、氧化应激、心肌细胞凋亡等。而ALDH2可以通过多种机制，在多个环节缓解心肌肥厚。

作者团队研究了 *ALDH2* 基因在压力负荷导致心肌肥厚中的作用，发现在主动脉弓缩窄造成的压力负荷型心力衰竭动物模型中，尽管 *ALDH2* 基因野生型及 *ALDH2* 基因缺失型小鼠在手术2周后都出现心肌肥厚；然而，与基因缺失型小鼠相比，野生型小鼠的心肌肥厚明显较轻。同样的动物模型，*ALDH2* 基因野生型及 *ALDH2* 基因缺失型小鼠在手术8周后都出现心肌肥大，但 *ALDH2* 基因缺失型小鼠线粒体形态和结构破坏得更严重，说明 *ALDH2* 基因缺失型小鼠在压力的开始阶段失去了代偿性肥厚，即失去了早期的肥厚保护作用。另一方面，随着时间的延迟心肌损伤变得更加严重，肥厚逐渐成为一种负面因素，进一步分子生物学实验证实，这一改变可能是通过ALDH2功能障碍导致的能量代谢异常所致，其主要机制为通过调节 PI3K/PTEN/Akt 通路的磷酸化过程或影响 AMPK-mTOR 自噬通路的活性从而导致心肌细胞或成纤维细胞的增殖/凋亡，从而影响心室壁肥厚程度。还有学者发现，与*ALDH2*基因野生型小鼠相比，ALDH2高表达小鼠，压力负荷12周后心肌出现更加明显的肥厚，心功能低于基因野生型小鼠。

*ALDH2*参与心肌纤维化相关损伤

*ALDH2*与心肌纤维化的研究多以心肌梗死后的心肌为主。心肌梗死后，可能发生两种类型的纤维化，替代性纤维化和反应性纤维化。替代性纤维化涉及瘢痕形成；反应性纤维化发生在梗死边缘区和远处无损区域，引发心脏血管顺应性下降，僵硬增加。心肌梗死后纤维瘢痕形成在心肌梗死初期有利于保护受损的心脏免于突发破裂的危险，但纤维化的过度激活与反应性纤维化的不断发生可能导致瘢痕面积增加及心脏结构重构，最终影响心脏功能。可见纤维化程度应分别辩证对待，过度纤维化将导致严重后果。现有模型表明ALDH2对心肌梗死后心肌纤维化的保护是通过降低Ⅰ型胶原沉积和 Ⅰ/Ⅲ型胶原蛋白比。此外，有研究表明4-HNE可以引发纤维细胞增殖。作者团队目前进行的心力衰竭后心肌纤维化研究提示，ALDH2的功能障碍导致的氧化应激水平的升高也会影响SDF-1/CXCR4通路对骨髓来源的成纤维祖细胞的动员与归巢，从而对心力衰竭后心脏纤维化及重构造成了不可逆转的影响。因此，*ALDH2*将成为心肌细胞抗纤维化研究的潜在靶点之一。

因此，*ALDH2*对改善各类型心脏疾病的纤维化这一病理生理过程有着重要的作用，其作用机制可能是通过多靶点实现的。

*ALDH2*与糖尿病相关的心肌损伤

糖尿病是一种以代谢紊乱为特征的疾病，而且会显著加剧心脑血管事件的风险。越来越多的研究发现，不仅仅1型糖尿病具有明显的遗传倾向性，2型糖尿病患者也存在诸多代谢相关遗传突变位点——这些遗传因素成为携带者2型糖尿病患病的"引爆点"，而ALDH2就是控制导火索的关节环节。

作者团队证实了ALDH2缺乏可导致小鼠罹患肥胖症与2型糖尿病，表现为小鼠糖耐量异常、白色脂肪过度积累、脂肪变性加剧等，其分子生物学机制主要涉及 Akt/AMPK/mTORC1/ULK1 相关的自噬通路。进一步的人群基因型分析结果显示，*ALDH2*基因型突变的人群更容易罹患2型糖尿病，这对于指导临床糖尿病防治有着重要的诊疗意义——对于缺乏*ALDH2*表达的突变基因型人群，医生需考虑更为积极的2型糖尿病早期干预措施，同时，此类患者或可通过ALDH2激活等个体化治疗方案获益。

另有临床试验显示，相比*ALDH2*基因野生型患者，突变型心血管疾病患者有更高的C反应蛋白水平及显著升高的糖尿病发病率。而*ALDH2*基因突变型的糖尿病患者低中量饮酒后更容易出现血糖异常。以上实验发现不仅证实了*ALDH2*是影响2型糖尿病的重要遗传因素，而且提示靶向提高ALDH2活性或可直接调控自噬等相关代谢通路改善糖代谢，缓解糖尿病进展。

ALDH2 与抗肿瘤药物相关心肌损伤

作为人类健康的重要健康威胁，肿瘤始终是药物开发的热点。随着近年来越来越多的抗肿瘤药物问世，尽管控制了肿瘤，但其带来的心血管不良事件产生了新的问题，而ALDH2可以通过其独特的"解毒"作用缓解抗肿瘤药物的不良反应。

作者团队发现，抗肿瘤药物阿霉素（多柔比星）所致扩张性心肌病小鼠模型中ALDH2酶活性降低、心脏功能恶化。此外，在经阿霉素处理后的心肌细胞中还发现心肌细胞活力降低。而扩张性心肌病患者心肌自噬水平显著高于正常成人，同时伴有4-HNE的增强，与接受阿霉素处理的扩张性心肌病小鼠动物模型结果一致，并在体外培养的新生大鼠心肌细胞中得到进一步的验证，4-HNE干预体外培养的新生大鼠心肌细胞也发现自噬增强，表现出与阿霉素相似的效应。反之，当*ALDH2*基因高表达或利用ALDH2特异性激动剂Alda-1预处理心肌细胞使其活性增强后，经阿霉素干预的心肌细胞自噬和4-HNE蛋白表达水平均出现下调，经4-HNE干预后的心肌细胞自噬表达水平也降低，这一过程与4-HNE的表达下调密切相关，进一步证实4-HNE能够诱导自噬，且这一过程可被高活性的ALDH2阻断。以上研究结果进一步揭示了ALDH2

可能是通过降低阿霉素诱导的过度自噬而减弱心脏毒性，发挥心脏保护作用，从而避免心肌的损害，既提出抗肿瘤药物阿霉素导致心肌损伤的机制，同时也为如何避免阿霉素致心肌损伤提供治疗靶点。

展望

ALDH2最初是由于在酒精代谢中扮演重要角色而被重视，因其可以代谢掉体内的醛类，大量的ALDH2抑制剂被研制出来，其中一项重要作用即是用于酒精成瘾患者的戒酒，通过抑制患者体内的ALDH2酶活性，使其饮酒后出现脸红、头疼、恶心等症状，而达到戒酒的目的。戒酒对酒精性心脏病的患者来说应该是一种基本的治疗手段。Alda-1是ALDH2酶特异性兴奋剂，在增加酶活性的同时，还可保证酶免受4-HNE导致的酶失活。Alda-1还可提升*ALDH2*基因突变型的催化活性，将杂合型ALDH2的酶活性提高到野生型水平。鉴于ALDH2在心脏中的保护作用，需要指出的是，尽管Alda-1具有一定的毒性，但这些研究提示靶向激活ADLH2是心脏保护的可行方案，而探索更高效、更安全的ALDH2激动剂，将有望在未来提供重要的心脏保护药物，可行的药物包括硫辛酸等。在临床应用前景方面，心肌梗死患者或可通过靶向激活心肌ALDH2，增加体内ALDH2活性或表达，减少心肌梗死后的梗死面积；对于糖尿病性心肌病、酒精性心肌病及高血压心肌病变等患者，服用类似硫辛酸的ALDH2激动剂或可减轻心肌细胞的损害。

醉
——是心从容
乙醛脱氢酶2基因

ALDH2抑制剂用于戒酒

附　录

如何获取*ALDH2*基因型

健康与基因息息相关，几乎所有的疾病发生都与基因有密不可分的关系。有些无法解释的疾病原因，可以用基因来解释。

基因检测可以用于健康管理。作者团队的研究发现，*ALDH2*基因野生型人群适量饮酒时，可以提高"好"胆固醇——HDL–C的水平；但*ALDH2*基因突变型人群则未见这一保护作用。可见，"小酌怡情"并不适合每个人，需考虑基因的影响。

基因检测还可以作为疾病预后的标志物。作者团队研究发现，经检测CTO患者的*ALDH2*基因是野生型，能够形成良好的冠状动脉侧支循环；但*ALDH2*基因突变人群缺乏内源性保护，临床上应当采取更积极的血运重建治疗方案。

基因如此重要，如何获取自己的基因结果呢？

目前，基因检测技术主要有三种：测序（DNA sequence）、基因芯片（gene microarray）和荧光定量PCR。这三种技术各有优势，适用的检测对象也因此大不相同。

相信大家听过DNA测序技术，中国参与的人类基因组计划，就是采用测序技术。但由于DNA测序技术对样本浓度和纯度要求比较高、实验操作技术要求专业，目前临床应用程度低，主要集中在科研方向使用。

基因芯片技术是在芯片上固定已知序列探针，与待测标本在芯片上发生酶促化学反应，测定待检标本SNP序列的方法。主要优势是通量高、操作相对简单、结果分析容易，对样本和实验室要求不高，是最适合医院独立开展多基因、多位点基因检测项目的技术。

荧光定量PCR技术主要实现对基因的定量分析，最多的应用是在病毒、细菌基因定量检测领域，比如大家熟悉的乙肝、丙肝核酸定量检测，但结果不易保存。

以基因芯片技术为例，了解如何检测基因

1. 抽血

抽取200 μl的外周血，与一般的抽血化验方式一样，但无须空腹。

2. DNA提取

抽取的外周血，通过细胞裂解、核酸分离、纯化等步骤将遗传物质从细胞内释放出来，备用。

3. PCR扩增

PCR是聚合酶链式反应的简称，是体外酶促合成特异DNA片段的一种方法，由高温变性、低温退火（恢复活性）及适温延伸等反应组成一个周期，循环进行，使目的DNA得以迅速扩增。只有扩增后遗传物质才能迅速富集，才能被设备所检测。

4. 芯片杂交、结果报告

扩增产物与固定有基因探针的基因芯片进行特异性杂交，经过酶促化学发光反应，给出待检基因的信号。仪器扫描芯片检测每个探针分子的杂交信号强度，进而获取样品分子的数量和序列信息，报告基因型。

ALDH2有3种基因型，通过基因芯片杂交技术，不同碱基序列的扩增产物与固定有基因探针的基因芯片进行特异性杂交，最终得到不同的杂交信号，仪器判读给出不同的基因型。

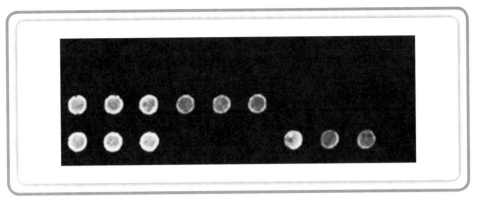

ALDH2*1/*1（野生型）

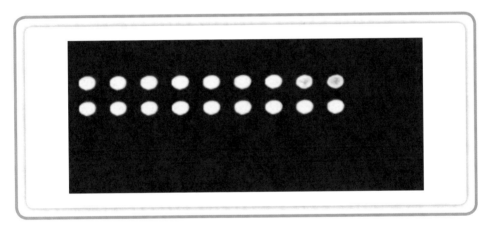

ALDH2*1/*2（突变杂合型）

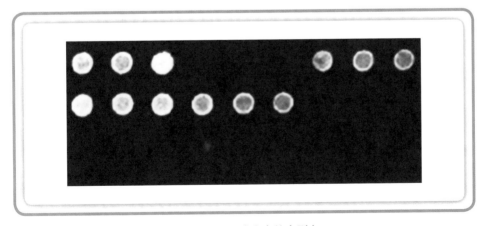

ALDH2*2/*2（突变纯合型）
Baio® 基因芯片 *ALDH2* 基因型示意图

121

这样，基因型就检测出来了。

医生根据每个人的基因型，能够给出更精准的治疗、用药方案，减少传统治疗方案带来的不良反应或无效用药风险，在减少患者痛苦的同时又能降低治疗的费用。检测一次，终身受用。

名词解释

——————
（按拼音字母排序）

Alda-1：是乙醛脱氢酶2（ALDH2）的激活剂。

半衰期：药物的半衰期一般指药物在血浆中最高浓度降低一半所需的时间。例如一种药物的半衰期（一般用$t_{1/2}$表示）为6小时，那么过了6小时血药物浓度为最高值的一半；再过6小时又减去一半，血中浓度仅为最高浓度的1/4。

白藜芦醇：是多酚类化合物，又称为芪三酚，是肿瘤的化学预防剂，也是对降低血小板聚集，预防和治疗动脉粥样硬化、心脑血管疾病的化学预防剂。来源于花生、葡萄（红葡萄酒）、虎杖、桑椹等植物。

白介素：全称为白细胞介素，是指在白细胞或免疫细胞间相互作用的淋巴因子，它和血细胞生长因子同属细胞因子。两者相互协调，相互作用，共同完成造血和免疫调节功能。

表型：具有特定基因型的个体在一定环境条件下表现出来的性状特征的总和。

C反应蛋白：机体受到感染或组织损伤时，血浆中一些急剧上升的蛋白质（急性蛋白）能激活补体和加强吞噬细胞的吞噬而起调理作用，清除入侵机体的病原微生物和损伤、坏死、凋亡的组织细胞。

代谢综合征：指人体的蛋白质、脂肪、碳水化合物等物质发生代谢紊乱的病理状态，是一组复杂的代谢紊乱症候群，是导致糖尿病心脑血管疾病的危险因素。

单倍体：体细胞染色体组数等于本物种配子染色体组数的个体或细胞。

单核苷酸多态性：指在基因组水平上由单个核苷酸的变异所引起的DNA序列多态性。

单基因遗传病：指由一对等位基因控制的疾病或病理性状。

酊剂：用乙醇做溶剂，提取芳香植物或动物的分泌物，得到的液体冷却后过滤掉不溶物而得到的产品。

动脉粥样硬化：是指动脉管壁局部脂质积聚、纤维组织增生、钙质沉着形成斑块，导致动脉管壁增厚变硬、失去弹性和管腔缩小。由于在动脉内积聚的脂质外观呈黄色粥样，因此称为动脉粥样硬化。

多基因遗传病：是指遗传信息通过两对以上致病基因的累积效应所致的遗传病，其遗传效应会受到环境因素的影响。与单基因遗传病相比，多基因遗传病不是只由遗传因素决定，而是遗传因素与环境因素共同起作用。比如原发性高血压，由遗传因素和环境因素共同决定是否发病。

呋喃类药：是一类化学合成药。20世纪40年代初用作化疗药物，能作用于细菌的酶系统，干扰细菌的糖代谢而有抑菌作用。目前使用的呋喃类药物有10余种，较常用的有呋喃妥因、呋喃唑酮、呋喃西林等。

钙超载：一些有害因素可引起钙平衡系统功能失调，钙分布紊乱，导致细胞内钙浓度异常性升高，即钙超载。钙超载可引起线粒体内氧化磷酸化过程障碍，线粒体膜电位降低，组织ATP含量下降，以及胞质内磷脂酶、蛋白酶等激活，可导致并促进细胞的不可逆性损伤。

谷氨酸和赖氨酸：人体的必需氨基酸，自身不能合成或合成速度不能满足人体需要，必须从食物中摄取的氨基酸。

横向主动脉缩窄：又名主动脉弓缩窄术，使用显微方式控制小鼠主动脉弓内径，诱导心脏压力负荷，是构建小鼠心肌肥厚模型的一种实验方法，具有安全、耗时短、重复性好、成功率高等优势。

磺胺类降糖药：其降糖作用主要通过刺激胰岛细胞分泌胰岛素，所以磺胺类药物适用于胰岛细胞尚有一定分泌胰岛素功能的2型糖尿病患者。如果胰岛细胞功能衰竭，根本无法分泌胰岛素，服药刺激也分泌不出来，就无须服用此类药物了，即使服用也没有效果。磺胺类药物包括格列本脲（优降糖）、格列吡嗪（美吡达、迪沙片、优达灵、瑞易片）、格列齐特（达美康、甲磺吡脲、甲磺双环脲）和格列喹酮（糖适平）等。

激活剂：凡是能提高酶活性的物质都被称为激活剂，在酶促反应体系中加入激活剂可导致反应速率的增加。

基因编辑：指能够让人类对目标基因进行"编辑"，实现对特定DNA片段的敲除和加入等。

基因多态性：是指同一群体的某一基因座如果存在着几种相同适合度的等位基因，这个基因座称为多态性的基因座。在一个生物群体中，同时和经常存在两种或多种不连续的变异型或基因型或等位基因，也称为遗传多态性或基因多态性。

基因翻译：也称为基因表达，是指在基因指导下的蛋白质合成过程。

基因转录：是指以DNA的一条链为模板，按照碱基互补配对原则，合成RNA的过程。该过程在细胞核和细胞质内进行。

家族性高脂血症：指由于遗传基因异常所致的血脂代谢紊乱，具有家族聚集性特点。

间充质干/祖细胞：一种多能干细胞，具有干细胞的所有共性，即自我更新和多向分化能力。目前在临床应用最多，与造血干细胞联合应用可以提高移植的成功率，加速造血重建。

交感神经：交感神经系统是植物性神经系统的一部分，交感神经的活动比较广泛，刺激交感神经能引起腹腔内脏及皮肤末梢血管收缩、心搏加强和加速、瞳孔散大、消化腺分泌减少等。交感神经的活动主要保证人体紧张状态时的生理需要。

酒精性肝病：由于长期大量饮酒导致的肝脏疾病。初期通常表现为脂肪肝，进而可发展成酒精性肝炎、肝纤维化和肝硬化。

毛细血管网：由内皮细胞分裂增生，向外突出形成单层的内皮细胞幼芽，这些幼芽开始为实性条索，在血液冲击下出现管腔，形成新生毛细血管，进而相互吻合构成毛细血管网。

酶蛋白：酶蛋白是指酶的纯蛋白部分，是相对于辅酶因子而言，其单独存在时不具有催化活性，与辅酶因子结合形成全酶后才显示催化活性。

免疫排斥反应：免疫排斥是机体对移植物（异体细胞、组织或器官）通过特异性免疫应答使其破坏的过程。

脑卒中：又称中风或脑血管意外，是由于脑部血管突然破裂或因血管阻塞导致血液不能流入大脑而引起脑组织损伤的一组疾病，包括缺血性和出血性卒中。其中，缺血性卒中的发病率高于出血性卒中，占脑卒中总数的60% ～ 70%。脑卒中最常见症状为一侧脸部、手臂或腿部突然感到无力，猝然昏扑、不省人事等。

内质网：是内膜构成的封闭的网状管道系统，可分为粗面型内质网和光面型内质网。

能量代谢：指物质代谢过程中所伴随的能量储存、释放、转移和利用。物质代谢包括合成代谢和分解代谢。

鸟嘌呤：是脱氧核糖核酸（DNA）中的一种碱基，缩写为G。在脱氧核糖核酸中，它与胞嘧啶（T）配对。

缺血-再灌注损伤：指人和动物缺血后再灌注，不仅不能使组织器官功能恢复，反而使缺血所致功能代谢障碍和结构破坏进一步加重的现象。

乳酸盐：是一种代谢副产物，在运动的过程中它会积累在组织和血液里，使肌肉僵硬，影响肌肉的能力。

ST段抬高型心肌梗死（STEMI）：是指具有典型的缺血性胸痛，持续超过20分钟，血清心肌坏死标志物浓度升高并有动态演变，心电图具有典型的ST段抬高的一类急性心肌梗死。

三磷酸腺苷：简称ATP，是由腺嘌呤、核糖和3个磷酸基团连接而成，水解时能释放能量，是体内组织细胞一切生命活动所需能量的直接来源。

氧化磷酸化反应：是物质在体内氧化时释放的能量通过呼吸链供给ADP与无机磷酸合成ATP的偶联反应。

神经内分泌：某些神经细胞既能产生和传导神经冲动，又能合成和释放激素，称为神经内分泌细胞，它们产生的激素称为神经激素，可延伸经轴突借轴浆流动运送至末梢，释放入体液，这种传递方式称为神经分泌。

神经退行性疾病：是由神经元和（或）其髓鞘的丧失所致，随着时间的推移而恶化，出现功能障碍。

肾小球：是肾脏内重要的血液过滤器，肾小球毛细血管壁构成过滤膜。

肾素-血管紧张素-醛固酮系统：体内肾脏所产生的一种升压调节体系，引起血管平滑肌收缩及水、钠潴留，产生升压作用。

失代偿：机体对于代谢及机能的异常有一定的适应能力，经过自身调节，可在一定范围内满足机体正常运转的需要。

双硫仑样反应：是指双硫仑抑制乙醛脱氢酶，阻挠乙醇的正常代谢，致使饮用少量乙醇也可引起乙醛中毒的反应。双硫仑常用作酒精增敏剂，以期在饮酒期间培养饮酒者对酒精的厌恶条件反射，达到戒酒的目的，这种厌恶的感觉就是双硫仑样反应。

睡眠呼吸暂停综合征：是一种多病因导致的睡眠呼吸疾病，常见临床表现为夜间睡眠打鼾伴呼吸暂停和白天嗜睡。反复发作的夜间低氧和高碳酸血症，可导致高血压、冠心病和脑血管疾病等并发症，甚至出现夜间猝死。

水钠潴留：因机体排出的水、钠总量少于摄入体内量而引起的一种病理现象。其中由于肾小球滤过率减少，或肾小管对钠的重吸收增加，钠离子潴留细胞会引发钠潴留；肾上腺皮质激素、抗利尿激素分泌增加，是引发水潴留的重要致病机制。由于水钠潴留，患者会出现组织水肿、体重异常增加等临床症状。

糖化血红蛋白：是红细胞中的血红蛋白与血清中的糖类相结合的产物。它是通过缓慢、持续及不可逆的糖化反应形成，其含量取决于血糖浓度以及血糖与血红蛋白接触时间，而与抽血时间、是否空腹和使用胰岛素等因素无关，可有效地反映被检者过去 1 ～ 2 个月内血糖控制的情况。

糖尿病心肌病：是指发生于糖尿病患者，不能用高血压性心脏病、冠状动脉粥样硬化性心脏病及其他心脏病变来解释的心肌疾病。该病在代谢紊乱及微血管病变的基础上引发心肌广泛灶性坏死，出现亚临床的心功能异常，最终进展为心力衰竭、心律失常及心源性休克，重症患者甚至猝死。

糖酵解：葡萄糖或糖原在无氧或缺氧条件下，分解为乳酸的同时产生少量ATP的过程，由于此过程与酵母菌使糖生醇发酵的过程基本相似，故称为糖酵解。

体重指数（body mass index，BMI）：是用体重（kg）除以身高（m）平方得出的数值，是国际上常用的衡量人体胖瘦程度以及是否健康的一个标准。

当需要比较及分析体重给不同高度的人所带来的健康影响时，BMI值是一个中立而可靠的指标。

TIMI血流分级：是指急性心肌梗死时梗死相关血管的血流分级。通过冠状动脉造影进行评价，可以分为4级。0级（无灌注）：血管闭塞远端无前向血流；1级（渗透而无灌注）：造影剂部分通过闭塞部位，但不能充盈远端血管；2级（部分灌注）：造影剂可完全充盈冠状动脉远端，但造影剂充盈及清除的速度较正常冠状动脉延缓；3级（完全灌注）：造影剂完全、迅速充盈远端血管并迅速清除。TIMI 0级和1级表明冠状动脉未再通；TIMI 2级和3级表明冠状动脉再通（再灌注）。

同工酶：指生物体内催化相同反应而分子结构不同的酶。按照国际生化联合会（IUB）所属生化命名委员会的建议，则只把其中因编码基因不同而产生的多种分子结构的酶称为同工酶。

头孢类：是头孢类抗菌药物总称，包括从第一代到第四代头孢。

酮体：在肝脏中，脂肪酸氧化分解的中间产物乙酰乙酸、β肝羟基丁酸及丙酮，三者统称为酮体。

细胞凋亡：指为维持内环境稳定，由基因控制的细胞自主的有序的死亡。

细胞坏死：长期以来细胞坏死被认为是因病理而产生的被动死亡，如物理性或化学性的损害因子及缺氧与营养不良等均导致细胞坏死。

细胞核：是存在于真核细胞中的封闭式膜状胞器，内部含有细胞中大多数的遗传物质，也就是DNA。

细胞质：细胞质膜包围的除核区外的一切半透明、胶状、颗粒状物质的总称。含水量约80%。

染色体重排：就是染色体发生断裂与别的染色体相连构成新的染色体。

细胞外基质：分布于细胞外空间，由细胞分泌的蛋白和多糖所构成的结构精细而错综复杂的网络结构，它不仅参与组织结构的维持，而且对细胞的存活、形态、功能、代谢、增殖、分化、迁移等基本生命活动具有全方位的影响。

线粒体：是一种存在于大多数细胞中的由两层膜包被的细胞器，是细胞中制造能量的结构。

腺嘌呤：是脱氧核糖核酸（DNA）和核糖核酸（RNA）中的一种碱基，缩写为A。在脱氧核糖核酸中，它与胸腺嘧啶（T）配对；在核糖核酸中，它与尿嘧啶（U）配对。

线粒体替代疗法：一种改进的将来自女性卵母细胞的线粒体DNA转移到供者卵母细胞的方法。

硝基咪唑类：是一类人工合成的抗菌药物，常见的有甲硝唑、替硝唑等。硝基咪唑类对厌氧菌及原虫有独特的杀灭作用，与其他抗生素联合应用于临床的各个领域。

心肌病：是一组异质性心肌疾病，由不同病因引起心脏机械和电活动的异常，表现为心室不适当的肥厚或扩张。

心肌纤维化：由于中至重度的冠状动脉粥样硬化性狭窄引起心肌纤维持续性和反复性加重的缺血、缺氧所产生的结果，导致逐渐发展为心力衰竭的慢性缺血性心脏病，临床表现为心律失常或心力衰竭。

心绞痛：是冠状动脉供血不足，心肌急剧的暂时缺血与缺氧所引起的以发作性胸痛或胸部不适为主要表现的临床综合征。心绞痛是心脏缺血反射到身体表面所感觉的疼痛，特点为前胸阵发性、压榨性疼痛，可伴有其他症状，疼痛主要位于胸骨后部，可放射至心前区与左上肢，劳动或情绪激动时常发生，每次发作持续3～5分钟，可数日一次，也可一日数次，休息或用硝酸酯类制剂后消失。

心力衰竭：简称心衰，是心脏疾病发展的终末阶段，是指由于心脏的收缩功能和（或）舒张功能发生障碍，不能将静脉回心血量充分排出心脏，导致静脉系统血液淤积，动脉系统血液灌注不足，从而引起以心脏循环障碍为特征的临床综合征。此种临床综合征集中表现为肺淤血、腔静脉淤血。绝大多数的心力衰竭都是以左心衰开始，即首先表现为肺循环淤血。

心律失常或心律不齐：是由于窦房结激动异常或激动产生于窦房结以外，激动的传导缓慢、阻滞或经异常通道传导，即心脏活动的起源和（或）传导障碍导致心脏搏动的频率和（或）节律异常。是心血管疾病中重要的一组疾病，可单独发病，也可与其他心血管病伴发。通常可以由静息时的心电图进行诊断。

心室重构：指各种损伤使心脏原来存在的物质和心脏形态学发生变化，是机体的一种适应性反应，是病变修复和心室整体代偿及继发的病理生理反应过程。

心脏结构重塑：心脏及血管发生相应的结构和功能的变化。

心脏能量代谢重塑：当心脏肥厚或心力衰竭时，伴随能量和底物代谢改变，包括高能磷酸化合物改变，线粒体功能障碍以及心脏产能时底物利用从脂肪酸向葡糖糖转变。

心肌能量代谢异常：在心力衰竭的发生和发展中起到非常重要的作用，临床上有很多能量代谢检测的方法，但到目前为止尚未有完全统一的标准。目前做得比较多的是通过磷31的磁共振波谱得到磷酸肌酸与ATP的比值（Pcr/ATP），这是目前反应心肌细胞能量储备有无异常的最佳方法。

血栓素A2：由血小板微粒体合成并释放的一种具有强烈促进血管收缩和血小板聚集的生物活性物质。

药代动力学：定量研究药物在生物体内吸收、分布、代谢和排泄的规律，并运用数学原理和方法阐述血药浓度随时间变化的规律的一门学科。

药效动力学：也称药效学，是研究药物对机体的作用、作用原理及作用规律的一门分支科学，着重从基本规律方面讨论药物作用中具有共性的内容。

氧化应激：氧化应激是指机体在遭受各种有害刺激时，自由基的产生和抗氧化防御之间严重失衡，从而导致组织损伤。

胰岛素抵抗：胰岛素抵抗是指各种原因使胰岛素促进葡萄糖摄取和利用的效率下降，机体代偿性地分泌过多胰岛素产生高胰岛素血症，以维持血糖的稳定。胰岛素抵抗易导致代谢综合征和2型糖尿病。

易感基因：在适宜的环境刺激下能够编码遗传性疾病或获得疾病易感性的基因；所谓疾病易感性是指由遗传决定的易于患某种或某类疾病的倾向性。具有疾病易感性的人一定具有特定的遗传特征，简单地说就是带有某种疾病的易感基因型。

Ⅰ类致癌物质：对人致癌。确证人类致癌物的要求是：① 有设计严格、方法可靠、能排除混杂因素的流行病学调查；② 有剂量反应关系；③ 另有调查资料验证，或动物实验支持。

诱导多能干细胞：在基因诱导性由正常体细胞转化成多能干细胞。

预后：是指预测疾病的可能病程和结局。它既包括判断疾病的特定后果（如康复，某种症状、体征和并发症等其他异常的出现或消失及死亡）；也包括提供时间线索，如预测某段时间内发生某种结局的可能性。由于预后是一种可能性，主要指患者群体而不是个人。

原始细胞：是一种不成熟的白细胞，可以分化为更加成熟的细胞，可诱导分化为有特定功能细胞。

整体纵向应变：是反应心肌形态学改变的指标之一，是将舒张末期心肌长度定义为初始长度 l_0，于收缩末期达到最大长度 l，应变计算公式为 $[(l-l_0)/l_0]-1$。整体纵向应变降低代表心肌功能下降。

脂质过氧化：氧自由基反应和脂质过氧化反应在正常情况下处于协调与动态平衡状态；一旦平衡被打破，就会出现一系列的新陈代谢失常和免疫功能降低，形成氧自由基连锁反应，损害生物膜及其功能，以致形成细胞透明性病变、纤维化，大面积细胞损伤，进而造成皮肤、神经、组织、器官等损伤，这种反应就叫脂质过氧化。

脂肪干细胞：是近年来从脂肪组织中分离得到的一种具有多向分化潜能的干细胞。主要恢复组织细胞的修复功能，促进细胞的再生，在恢复年轻面容的同时身体机能也得到充分改善，有效改善亚健康、早衰等疾病。

终末期肾病：指各种慢性肾脏疾病的终末阶段，早期可无明显不适，但随着肾功能的进行性下降，毒素在体内进行性蓄积，引起尿毒症的各种症状。

自噬：是一种细胞通过"自己吃自己"，以满足某些自身代谢需要或某些细胞器更新的正常现象，包括清除心肌细胞内因缺血而受损的细胞器；过度自噬会对某些重要细胞器造成损伤，进而引起器官病变，如线粒体的损伤会导致心脏结构和功能的异常。

自由基：化学上也称为"游离基"，是指化合物的分子在光热等外界条件下，共价键发生均裂而形成的具有不成对电子的原子或基团。过量的自由基会产生强大的破坏力。这个破坏过程会造成两种情况：一是细胞本身严重受损而死亡；二是启动细胞核中的致癌基因，形成癌细胞。

参考文献

［1］边云飞.氧化应激与动脉粥样硬化［M］.北京：军事医学科学院出版社，2012.

［2］陈伟伟，高润霖，刘力生，等.《中国心血管病报告2017》概要［J］.中国循环杂志，2018，33（1）：1-8.

［3］储海婷，贡雪灏.超声成像技术在颈动脉硬化中的应用进展［J］.医学影像学杂志，2017，（11）：2211-2213.

［4］范例，许左隽，顾俊，等.冠状动脉慢性闭塞患者侧支循环形成的影响因素分析［J］.中国介入心脏病学杂志，2016，24（1）：2-6.

［5］方素华，王惠敏.高血脂的十大危害及降血脂的食疗［J］.特别健康，2018，（18）：240.

［6］国际癌症研究机构.世界卫生组织国际癌症研究机构致癌物清单［R］.2017.

［7］赫明萍.糖代谢和肾功能与冠状动脉侧枝循环的关系［D］.上海：复旦大学，2012.

［8］胡奉环，衣欣，杨跃进，等.乙醇脱氢酶和乙醛脱氢酶基因多态性与冠心病及心肌梗死易患性关系的Meta分析［J］.中国全科医学，2013，16（33）：3211-3215.

［9］江春晓，陈玉国，张运，等.中国汉族冠心病患者乙醛脱氢酶2基因多态性与2型糖尿病的关系［J］.中国老年学杂志，2007，27（4）：349-350.

[10] 姜树朋，李艳，童永清.武汉地区536名体检人群ALDH2的基因多态性分布[J].海南医学，2016，27（23）：3820-3822.

[11] 康欢欢，刘建华，吴丽娜.胰岛自身抗体在糖尿病中的应用及研究进展[J].检验医学与临床，2018，15（13）：2015-2020.

[12] 康继宏，Tiao Guan，宁光，等.中国糖尿病防治研究的现状和挑战[J/CD].转化医学研究（电子版），2012，2（3）：1-24.

[13] 李彩霞，吴朝霞，王立顺.醛脱氢酶超家族研究进展[J].上海交通大学学报（医学版），2013，33（6）：886-893.

[14] 李贵花，张新庆.动脉粥样硬化普通人也要知道的ABC[M].上海：上海科技教育出版社，2017.

[15] 李书国.2型糖尿病与冠状动脉侧枝循环[J].心血管病学进展，2003，24（4）：264-267.

[16] 李秀才.动脉粥样硬化防治[M].北京：金盾出版社，2001.

[17] 李秀钧，钱荣立.胰岛素抵抗及其临床意义[J].中国糖尿病杂志，1999，7（3）：163-167.

[18] 励建安.运动训练与冠状动脉侧枝循环的实验研究[C].康复医学发展论坛暨庆祝中国康复医学会成立20周年学术大会，北京，2003.

[19] 林傲梵，谢英彪.常见病健康管理答疑丛书[M].北京：人民军医出版社，2013.

[20] 刘湘玮.乙醛脱氢酶2（ALDH2）促进慢性缺血组织血管新生作用的基础与临床研究[D].上海：复旦大学，2013.

[21] 庞佼佼，陈玉国，任骏.ALDH2对缺血再灌中心肌损伤的保护作用及其作用机制[J/CD].转化医学电子杂志，2015，2（2）：160-163，166.

[22] 石英明，田镭钢，饶绍奇，等.冠脉慢性完全闭塞病变临床治疗的研究进展[J].海南医学，2018，29（13）：1854-1857.

[23] 水禾.奇妙的人体结构[M].吉林：吉林人民出版社，2009.

[24] 司一鸣，应令雯，周健.2018年ADA糖尿病医学诊疗标准解读[J/CD].中国医学前沿杂志（电子版），2018，10（1）：24-31.

[25] 孙爱军，葛均波."PCI时代"的心肌保护线粒体乙醛脱氢酶2能成为新

靠点吗［J］.中华心血管病杂志，2013，41（8）：634-637.

［26］孙晓垒，孙爱军.ALDH高活性干细胞治疗缺血性疾病的研究进展［J］.中国分子心脏病学杂志，2014，14（4）：1022-1025.

［27］王吉耀.内科学［M］.2版.北京：人民卫生出版社，2014.

［28］王玉梅，邢军芬，汪涛，等.基因芯片法检测中国人乙醛脱氢酶2的基因多态性［J］.中国药师，2014，17（9）：1447-1450.

［29］徐丹令，孙爱军，王时俊，等.乙醛脱氢酶2在大鼠心肌缺氧损伤中的抗凋亡作用［J］.中国病理生理杂志，2006，22（4）：683-686.

［30］薛丽，陈玉国，徐峰，等.中国汉族冠心病患者乙醛脱氢酶2基因多态性与心肌梗死的相关性研究［J］.山东大学学报（医学版），2007，45（8）：808-812.

［31］杨美艳，韩博，徐勇，等.高龄老年人乙醛脱氢酶2基因型多态性与动脉粥样硬化的关系［J］.解放军医学院学报，2016，37（3）：229-231.

［32］杨念生.糖尿病肾病的诊治进展［J］.广东医学，2001，22（8）：671-672.

［33］杨思共.乙醛脱氢酶2活性水平与冠心病的相关性研究［M］.蚌埠医学院，2017.

［34］于影，康品方，李徽徽，等.乙醇激动ALDH2对糖尿病大鼠肾脏JNK表达的影响［J］.中国应用生理学杂志，2014，30（3）：270-273，后插1.

［35］袁明霞.糖尿病视网膜病变的筛查与治疗——2015年ADA诊疗指南解读［J］.糖尿病临床，2015，9（4）：194-195.

［36］张朋军，邓心新，田亚平.植物固醇的研究进展［J］.标记免疫分析与临床，2010，17（2）：126-129.

［37］张维君.高血脂一本通［M］.山东：青岛出版社，2009.

［38］张裕坚，戴一沏，夏芳芳，等.线粒体乙醛脱氢酶2野生型基因对冠状动脉搭桥患者的心肌保护作用［J］.温州医科大学学报，2016，46（12）：901-904.

［39］中国成人血脂异常防治指南修订联合委员会.中国成人血脂异常防治指南（2016年修订版）［J］.中华心血管病杂志，2016，44（10）：833-

853.

［40］中国高血压防治指南修订委员会.中国高血压防治指南（2018年修订版）［J］.中国心血管杂志，2019，（1）：24−56.

［41］朱连英，郜文超，陈华来.硝酸甘油临床应用及耐药性干预［J］.齐鲁药事，2004，23（4）：34−35.

［42］左伋，蓝斐.医学遗传学［M］.上海：复旦大学出版社，2015.

［43］Bajko Z, Szekeres CC, Kovacs KR, et al. Anxiety, depression and autonomic nervous system dysfunction in hypertension［J］. J Neurol Sci, 2012, 317(1−2): 112−116.

［44］Berger K, Ajani UA, Kase CS, et al. Light-to-moderate alcohol consumption and the risk of stroke among U.S. male physicians［J］. N Engl J Med, 1999, 341(21): 1557−1564.

［45］Blasig IE, Grune T, Schonheit K, et al. 4-Hydroxynonenal, a novel indicator of lipid peroxidation for reperfusion injury of the myocardium［J］. Am J Physiol, 1995, 269(1 Pt 2): H14−H22.

［46］Brooks PJ, Enoch MA, Goldman D, et al. The alcohol flushing response: an unrecognized risk factor for esophageal cancer from alcohol consumption［J］. PLoS Med, 2009, 6(3): e50.

［47］Brown RA, Jefferson L, Sudan N, et al. Acetaldehyde depresses myocardial contraction and cardiac myocyte shortening in spontaneously hypertensive rats: role of intracellular Ca^{2+}［J］. Cell Mol Biol (Noisy-le-grand), 1999, 45(4): 453−465.

［48］Brugger-Andersen T, Ponitz V, Snapinn S, et al. Moderate alcohol consumption is associated with reduced long-term cardiovascular risk in patients following a complicated acute myocardial infarction［J］. Int J Cardiol, 2009, 133(2): 229−232.

［49］Chen CH, Budas GR, Churchill EN, et al. Activation of aldehyde dehydrogenase-2 reduces ischemic damage to the heart［J］. Science, 2008, 321(5895): 1493−1495.

[50] Chen YR, Nie SD, Shan W, et al. Decrease in endogenous CGRP release in nitroglycerin tolerance: role of ALDH-2 [J]. Eur J Pharmacol, 2007, 571(1): 44–50.

[51] Chen Z, Zhang J, Stamler JS. Identification of the enzymatic mechanism of nitroglycerin bioactivation [J]. Proc Natl Acad Sci U S A, 2002, 99(12): 8306–8311.

[52] Christopoulos G, Menon RV, Karmpaliotis D, et al. Application of the "hybrid approach" to chronic total occlusions in patients with previous coronary artery bypass graft surgery (from a Contemporary Multicenter US registry) [J]. Am J Cardiol, 2014, 113(12): 1990–1994.

[53] Collaboration NCDRF. Trends in adult body-mass index in 200 countries from 1975 to 2014: a pooled analysis of 1698 population-based measurement studies with 19.2 million participants [J]. Lancet, 2016, 387(10026): 1377–1396.

[54] Collaborators GBDRF. Global, regional, and national comparative risk assessment of 84 behavioural, environmental and occupational, and metabolic risks or clusters of risks, 1990—2016: a systematic analysis for the Global Burden of Disease Study 2016 [J]. Lancet, 2017, 390(10100): 1345–1422.

[55] Crestani CC, Lopes da Silva A, Scopinho AA, et al. Cardiovascular alterations at different stages of hypertension development during ethanol consumption: time-course of vascular and autonomic changes [J]. Toxicol Appl Pharmacol, 2014, 280(2): 245–255.

[56] Dassanayaka S, Zheng Y, Gibb AA, et al. Cardiac-specific overexpression of aldehyde dehydrogenase 2 exacerbates cardiac remodeling in response to pressure overload [J]. Redox Biol, 2018, 17:440–449.

[57] Davies MJ, Baer DJ, Judd JT, et al. Effects of moderate alcohol intake on fasting insulin and glucose concentrations and insulin sensitivity in postmenopausal women: a randomized controlled trial [J]. JAMA, 2002, 287(19): 2559–2562.

醉
是心从容
乙醛脱氢酶2基因

［58］ Doser TA, Turdi S, Thomas DP, et al. Transgenic overexpression of aldehyde dehydrogenase-2 rescues chronic alcohol intake-induced myocardial hypertrophy and contractile dysfunction ［J］. Circulation, 2009, 119(14): 1941−1949.

［59］ Fan F, Cao Q, Wang C, et al. Impact of chronic low to moderate alcohol consumption on blood lipid and heart energy profile in acetaldehyde dehydrogenase 2-deficient mice ［J］. Acta Pharmacol Sin, 2014, 35(8): 1015−1022.

［60］ Takeuchi F, Yokota M, Yamamoto K,et al. Genome-wide association study of coronary artery disease in the Japanese ［J］. Eur J Hum Genet,2012, 3(20): 333−340.

［61］ Gajarsa JJ, Kloner RA. Left ventricular remodeling in the post-infarction heart: a review of cellular, molecular mechanisms, and therapeutic modalities ［J］. Heart Fail Rev, 2011, 16(1): 13−21.

［62］ Galassi AR, Brilakis ES, Boukhris M, et al. Appropriateness of percutaneous revascularization of coronary chronic total occlusions: an overview ［J］. Eur Heart J, 2016, 37(35): 2692−2700.

［63］ Garaycoechea JI, Crossan GP, Langevin F, et al. Alcohol and endogenous aldehydes damage chromosomes and mutate stem cells ［J］. Nature, 2018, 553(7687): 171−177.

［64］ Gardner JD, Mouton AJ. Alcohol effects on cardiac function ［J］. Compr Physiol, 2015, 5(2): 791−802.

［65］ Gomes KM, Campos JC, Bechara LR, et al. Aldehyde dehydrogenase 2 activation in heart failure restores mitochondrial function and improves ventricular function and remodelling ［J］. Cardiovasc Res, 2014, 103(4): 498−508.

［66］ Gong D, Zhang L, Zhang Y, et al. East Asian variant of aldehyde dehydrogenase 2 is related to worse cardioprotective results after coronary artery bypass grafting ［J］. Interact Cardiovasc Thorac Surg, 2019, 28(1):

79—84.

[67] Gerstein H.. A disturbed glucose metabolic state (dysglycaemia) is a key risk factor for cardiovascular events [J]. Eur Heart J Suppl, 2003, 5: B1—B2.

[68] Han H, Wang H, Yin Z, et al. Association of genetic polymorphisms in ADH and ALDH2 with risk of coronary artery disease and myocardial infarction: a meta-analysis [J]. Gene, 2013, 526(2): 134—141.

[69] Hung CL, Chang SC, Chang SH, et al. Genetic polymorphisms of alcohol metabolizing enzymes and alcohol consumption are associated with asymptomatic cardiac remodeling and subclinical systolic dysfunction in large community-Dwelling Asians [J]. Alcohol Alcohol, 2017, 52(6): 638—646.

[70] Jia K, Wang H, Dong P. Aldehyde dehydrogenase 2 (ALDH2) Glu504Lys polymorphism is associated with hypertension risk in Asians: a meta-analysis [J]. Int J Clin Exp Med, 2015, 8(7): 10767—10772.

[71] Jo SA, Kim EK, Park MH, et al. A Glu487Lys polymorphism in the gene for mitochondrial aldehyde dehydrogenase 2 is associated with myocardial infarction in elderly Korean men [J]. Clin Chim Acta, 2007, 382(1—2): 43—47.

[72] Kim MK, Han K, Park YM, et al. Associations of variability inblood pressure, glucose and cholesterol concentrations, and body mass index with mortality and cardiovascular outcomes in the general population [J]. Circulation, 2018, 138(23): 2627—2637.

[73] Koda K, Salazar-Rodriguez M, Corti F, et al. Aldehyde dehydrogenase activation prevents reperfusion arrhythmias by inhibiting local renin release from cardiac mast cells [J]. Circulation, 2010, 122(8): 771—781.

[74] Kotani K, Sakane N, Yamada T. Association of an aldehyde dehydrogenase 2 (ALDH2) gene polymorphism with hyper-low-density lipoprotein cholesterolemia in a Japanese population [J]. Ethn Dis, 2012, 22(3): 324—328.

[75] Lane N. Power, sex, suicide:mitochondria and the meaning of life [M].

2006.

[76] Li C, Li X, Chang Y, et al. Aldehyde dehydrogenase-2 attenuates myocardial remodeling and contractile dysfunction induced by a high-fat diet [J]. Cell Physiol Biochem, 2018, 48(5): 1843−1853.

[77] Li GY, Li ZB, Li F, et al. Meta-analysis on the association of ALDH2 polymorphisms and type 2 diabetic mellitus, diabetic retinopathy [J]. Int J Environ Res Public Health, 2017, 14 (2). pii: E165.

[78] Li SY, Gilbert SA, Li Q, et al. Aldehyde dehydrogenase-2 (ALDH2) ameliorates chronic alcohol ingestion-induced myocardial insulin resistance and endoplasmic reticulum stress [J]. J Mol Cell Cardiol, 2009, 47(2): 247−255.

[79] Li SY, Li Q, Shen JJ, et al. Attenuation of acetaldehyde-induced cell injury by overexpression of aldehyde dehydrogenase-2 (ALDH2) transgene in human cardiac myocytes: role of MAP kinase signaling [J]. J Mol Cell Cardiol, 2006, 40(2): 283−294.

[80] Li Y, Zhang D, Jin W, et al. Mitochondrial aldehyde dehydrogenase-2 (ALDH2) Glu504Lys polymorphism contributes to the variation in efficacy of sublingual nitroglycerin [J]. J Clin Invest, 2006, 116(2): 506−511.

[81] Liu X, Sun X, Liao H, et al. Mitochondrial aldehyde dehydrogenase 2 regulates revascularization inchronic ischemia: potential impact on the development of coronary collateral circulation [J]. Arterioscler Thromb Vasc Biol, 2015, 35(10): 2196−2206.

[82] Lu X, Wang L, Chen S, et al. Genome-wide association study in Han Chinese identifies four new susceptibility loci for coronary artery disease [J]. Nat Genet, 2012, 44(8): 890−894.

[83] Ma C, Yu B, Zhang W, et al. Associations between aldehyde dehydrogenase 2 (ALDH2) rs671 genetic polymorphisms, lifestyles and hypertension risk in Chinese Han people [J]. Sci Rep, 2017, 7(1): 11136.

[84] Ma XX, Zheng SZ, Shu Y, et al. Association between carotid intimamedia

参考文献

thickness and aldehyde dehydrogenase 2 Glu504Lys polymorphism in Chinese Han with essential hypertension [J] . Chin Med J (Engl), 2016,129(12): 1413−1418.

[85] Mali VR, Ning R, Chen J, et al. Impairment of aldehyde dehydrogenase-2 by 4-hydroxy-2-nonenal adduct formation and cardiomyocyte hypertrophy in mice fed a high-fat diet and injected with low-dose streptozotocin [J] . Exp Biol Med (Maywood), 2014, 239(5): 610−628.

[86] Matsuoka K. Genetic and environmental interaction in Japanese type 2 diabetics [J] . Diabetes Res Clin Pract, 2000, 50(Suppl 2):S17−S22.

[87] Mizuno Y, Harada E, Morita S, et al. East asian variant of aldehyde dehydrogenase 2 is associated with coronary spastic angina: possible roles of reactive aldehydes and implications of alcohol flushing syndrome [J] . Circulation, 2015, 131(19): 1665−1673.

[88] Mizuno Y, Hokimoto S, Harada E, et al. Variant Aldehyde Dehydrogenase 2 (ALDH2*2) Is a Risk Factor for Coronary Spasm and ST-Segment Elevation Myocardial Infarction [J] . J Am Heart Assoc, 2016, 5(5). pii: e003247.

[89] Morita K, Saruwatari J, Miyagawa H, et al. Association between aldehyde dehydrogenase 2 polymorphisms and the incidence of diabetic retinopathy among Japanese subjects with type 2 diabetes mellitus [J] . Cardiovasc Diabetol, 2013, 12: 132.

[90] Murata C, Suzuki Y, Muramatsu T, et al. Inactive aldehyde dehydrogenase 2 worsens glycemic control in patients with type 2 diabetes mellitus who drink low to moderate amounts of alcohol [J] . Alcohol Clin Exp Res, 2000, 24(4 Suppl): 5S−11S.

[91] Nanditha A, Ma RC, Ramachandran A, et al. Diabetes in Asia and the Pacific: implications for the global epidemic [J] . Diabetes Care, 2016, 39(3): 472−485.

[92] O'Neill D, Britton A, Brunner EJ, et al. Twenty-five-year alcohol consumption trajectories and their association with arterial aging: aprospective cohort study

［J］. J Am Heart Assoc, 2017,6(2). pii: e005288.

［93］ Pan C, Xing JH, Zhang C, et al. Aldehyde dehydrogenase 2 inhibits inflammatory response and regulates atherosclerotic plaque［J］. Oncotarget, 2016, 7(24): 35562−35576.

［94］ Pan C, Zhao Y, Bian Y, et al. Aldehyde dehydrogenase 2 Glu504Lys variant predicts a worse prognosis of acute coronary syndrome patients［J］. J Cell Mol Med, 2018, 22(4): 2518−2522.

［95］ Pan G, Deshpande M, Thandavarayan RA, et al. ALDH2 Inhibition Potentiates High Glucose Stress-Induced Injury in Cultured Cardiomyocytes ［J］. J Diabetes Res, 2016, 2016:1390861.

［96］ Peng Y, Shi H, Qi XB, et al. The ADH1B Arg47His polymorphism in east Asian populations and expansion of rice domestication in history［J］. BMC Evol Biol, 2010, 10:15.

［97］ Rauf A, Imran M, Suleria HAR, et al. A comprehensive review of the health perspectives of resveratrol［J］. Food Funct, 2017, 8(12): 4284−4305.

［98］ Rosengren A, Hawken S, Ounpuu S, et al. Association of psychosocial risk factors with risk of acute myocardial infarction in 11119 cases and 13648 controls from 52 countries (the INTERHEART study): case-control study ［J］. Lancet, 2004, 364(9438): 953−962.

［99］ Samson R, Jaiswal A, Ennezat PV, et al. Clinical phenotypes in heart failure with preserved ejection fraction［J］. J Am Heart Assoc, 2016,5 (1). pii:e002477.

［100］ Sano F, Ohira T, Kitamura A, et al. Heavy alcohol consumption and risk of atrial fibrillation. The Circulatory Risk in Communities Study (CIRCS) ［J］. Circ J, 2014, 78(4): 955−961.

［101］ Shang Y, Sun Z, Cao J, et al. Systematic review of Chinese studies of short-term exposure to air pollution and daily mortality［J］. Environ Int, 2013, 54:100−111.

［102］ Shen C, Wang C, Fan F, et al. Acetaldehyde dehydrogenase 2 (ALDH2) deficiency exacerbates pressure overload-induced cardiac dysfunction by inhibiting Beclin-1 dependent autophagy pathway [J]. Biochim Biophys Acta, 2015, 1852(2): 310−318.

[103] Shen C, Wang C, Han S, et al. Aldehyde dehydrogenase 2 deficiency negates chronic low-to-moderate alcohol consumption-induced cardioprotecion possibly via ROS-dependent apoptosis and RIP1/RIP3/MLKL-mediated necroptosis [J]. Biochim Biophys Acta Mol Basis Dis, 2017, 1863(8): 1912−1918.

[104] Stratton IM, Adler AI, Neil HA, et al. Association of glycaemia with macrovascular and microvascular complications of type 2 diabetes (UKPDS 35): prospective observational study [J]. BMJ, 2000, 321(7258): 405−412.

[105] Sun A, Cheng Y, Zhang Y, et al. Aldehyde dehydrogenase 2 ameliorates doxorubicin-induced myocardial dysfunction through detoxification of 4-HNE and suppression of autophagy [J]. J Mol Cell Cardiol, 2014, 71:92−104.

[106] Sun A, Zou Y, Wang P, et al. Mitochondrial aldehyde dehydrogenase 2 plays protective roles in heart failure after myocardial infarction via suppression of the cytosolic JNK/p53 pathway in mice [J]. J Am Heart Assoc, 2014, 3(5): e000779.

[107] Sun X, Zhu H, Dong Z, et al. Mitochondrial aldehyde dehydrogenase-2 deficiency compromises therapeutic effect of ALDH bright cell on peripheral ischemia [J]. Redox Biol, 2017, 13:196−206.

[108] Suzuki Y, Kuriyama S, Atsumi Y, et al. Maternal inheritance of diabetes is associated with inactive ALDH2 genotype in diabetics with renal failure in Japanese [J]. Diabetes Res Clin Pract, 2003, 60(2): 143−145.

[109] Tabara Y, Ueshima H, Takashima N, et al. Mendelian randomization analysis in three Japanese populations supports a causal role of alcohol consumption in lowering low-density lipid cholesterol levels and particle

numbers [J] . Atherosclerosis, 2016, 254:242−248.

[110] Toma A, Pare G, Leong DP. Alcohol and Cardiovascular Disease: How Much is Too Much? [J] . Curr Atheroscler Rep, 2017, 19(3): 13.

[111] Tozzi Ciancarelli MG, Di Massimo C, De Amicis D, et al. Moderate consumption of red wine and human platelet responsiveness [J] . Thromb Res, 2011, 128(2): 124−129.

[112] Tresserra-Rimbau A, Medina-Remon A, Lamuela-Raventos RM, et al. Moderate red wine consumption is associated with a lower prevalence of the metabolic syndrome in the PREDIMED population [J] . Br J Nutr, 2015, 113 (Suppl 2):S121−S130.

[113] Ueta CB, Campos JC, Albuquerque RPE, et al. Cardioprotection induced by a brief exposure to acetaldehyde: role of aldehyde dehydrogenase 2 [J] . Cardiovasc Res, 2018, 114(7): 1006−1015.

[114] Wang C, Fan F, Cao Q, et al. Mitochondrial aldehyde dehydrogenase 2 deficiency aggravates energy metabolism disturbance and diastolic dysfunction in diabetic mice [J] . J Mol Med (Berl), 2016, 94(11): 1229−1240.

[115] Wang L, Gao P, Zhang M, et al. Prevalence and ethnic pattern of diabetes and prediabetes in China in 2013 [J] . JAMA, 2017, 317(24): 2515−2523.

[116] Wang Q, Zhou S, Wang L, et al. ALDH2 rs671 Polymorphism and coronary heart disease risk among Asian populations: a meta-analysis and meta-regression [J] . DNA Cell Biol, 2013, 32(7): 393−399.

[117] Wang S, Wang C, Turdi S, et al. ALDH2 protects against high fat diet-induced obesity cardiomyopathy and defective autophagy: role of CaM kinase II, histone H3K9 methyltransferase SUV39H, Sirt1, and PGC-1alpha deacetylation [J] . Int J Obes (Lond), 2018, 42(5): 1073−1087.

[118] Wood AM, Kaptoge S, Butterworth AS, et al. Risk thresholds for alcohol consumption: combined analysis of individual-participant data for 599 912 current drinkers in 83 prospective studies [J] . Lancet, 2018, 391(10129):

1513-1523.

[119] Wu X, Duan X, Gu D, et al. Prevalence of hypertension and its trends in Chinese populations [J]. Int J Cardiol, 1995, 52(1): 39-44.

[120] Xia G, Fan F, Liu M, et al. Aldehyde dehydrogenase 2 deficiency blunts compensatory cardiac hypertrophy through modulating Akt phosphorylation early after transverse aorta constriction in mice [J]. Biochim Biophys Acta, 2016, 1862(9): 1587-1593.

[121] Xu F, Chen Y, Lv R, et al. ALDH2 genetic polymorphism and the risk of type II diabetes mellitus in CAD patients [J]. Hypertens Res, 2010, 33(1): 49-55.

[122] Xu F, Chen YG, Geng YJ, et al. The polymorphism in acetaldehyde dehydrogenase 2 gene, causing a substitution of Glu > Lys(504), is not associated with coronary atherosclerosis severity in Han Chinese [J]. Tohoku J Exp Med, 2007, 213(3): 215-220.

[123] Xu F, Chen YG, Xue L, et al. Role of aldehyde dehydrogenase 2 Glu504lys polymorphism in acute coronary syndrome [J]. J Cell Mol Med, 2011, 15(9): 1955-1962.

[124] Xu L, Zhao G, Wang J, et al. Impact of genetic variation inaldehyde dehydrogenase 2 and alcohol consumption on coronary artery lesions in Chinese patients with stable coronary artery disease [J]. Int Heart J, 2018, 59(4): 689-694.

[125] Qi Y, Rathinasabapathy A, Huo T. 7A. 04: Dysfunctional adipose stem cell is linked to obesity, elevated inflammatory cytokines and resistant hypertension [J]. J Hypertens, 2015, 33: 90-91.

[126] Zhang L, Dong L, Yang G. Association of ALDH2 rs671 polymorphismwith essential hypertension: a case-controlstudy in non-drinking Han Chinese [J]. Int J Clin Exp Med, 2018, 11(6): 6222-6227.

[127] Zhang LL, Wang YQ, Fu B, et al. Aldehyde dehydrogenase 2 (ALDH2) polymorphism gene and coronary artery disease risk: a meta-analysis [J].

Genet Mol Res, 2015, 14(4): 18503−18514.

［128］ Zhang XH, Lu ZL, Liu L. Coronary heart disease in China［J］. Heart, 2008, 94(9): 1126−1131.

［129］ Zhao D, Liu J, Wang M, et al. Epidemiology of cardiovascular disease in China: current features and implications［J］. Nat Rev Cardiol, 2019, 16(4): 203−212.

［130］ Zhu H, Sun A, Zhu H, et al. Aldehyde dehydrogenase-2 is a host factor required for effective bone marrow mesenchymal stem cell therapy［J］. Arterioscler Thromb Vasc Biol, 2014, 34(4): 894−901.

参考文献